宝贝不剩一粒饭

摩天文传 著

人民日报出版社

图书在版编目（CIP）数据

宝贝不剩一粒饭 / 摩天文传著. -- 北京：人民日报出版社，
2014.11

ISBN 978-7-5115-2864-3

Ⅰ.①宝… Ⅱ.①摩… Ⅲ.①婴幼儿—食谱 Ⅳ.①TS972.162

中国版本图书馆CIP数据核字(2014)第255201号

书　　　名：宝贝不剩一粒饭
作　　　者：摩天文传

出 版 人：董　伟
责任编辑：孙　祺
封面设计：摩天文传

出版发行：人民日报出版社
社　　　址：北京金台西路2号
邮政编码：100733
发行热线：（010）65369527　65369846　65369509　65369510
邮购热线：（010）65369530　65363527
编辑热线：（010）65369528
网　　　址：www.peopledailypress.com
经　　　销：新华书店
印　　　刷：北京鑫瑞兴印刷有限公司

开　　　本：787mm×1092mm　1/16
字　　　数：120千字
印　　　张：10
印　　　次：2015年1月第1版　2015年1月第1次印刷

书　　　号：ISBN 928-7-5115-2864-3
定　　　价：34.80元

新妈妈们总会为宝宝的到来而感到万分高兴，这么乖巧可爱的宝宝如何健康成长成了全家关心的主题。因为生活忙碌不堪的你，是否每天都为宝宝吃什么最营养健康而头疼？

妈妈们不会厨艺不要紧，最重要的是一颗爱护小宝宝的心，记住每天与宝宝看的动画形象及可爱小物，把它们转变成营养丰富的食物，给宝宝来个精彩的视觉及味觉盛宴吧！白白胖胖的米饭也许不能博得宝宝的喝彩，而将它们当做"橡皮泥"来对待，你会发现这些千变万化的造型会引起宝宝的兴趣食欲，想象力也得到提升。除了中式便当，西式餐点你是否也想给宝宝尝试一下？如何改变西式餐点的高热量以及烹饪手法，让宝宝不仅能够舌尖上去旅行也能满足他们脆弱的肠胃？不必为了这些再想破脑筋，只需准备好奶酪、意大利粉等食材，参考本书就能破晓。

除了精致的宝宝便当、宝宝西餐，还有给他们的爱的奖励。当宝宝们学会一个新词语或做好一件小事情，不必再用那些富含添加剂的零食奖励他们，而是自己动手制作小饼干、小糕点来赢得宝宝们的欢心，这样也会让他们知道甚至学会如何去处理好每一件事情，引发宝宝们爱学习的心理，也为你们之间的感情拉进了一大步。

相信有了《宝贝不剩一粒饭》这本书的帮忙，再也不必担心这些扰人的小问题，让你的厨艺和宝宝的健康一同成长吧！

目 录 CONTENTS

Chapter 1

宝宝餐入门
开启妈妈爱的料理之门

Chapter 2

爱的小饭团
造型各异充满爱的结晶

Chapter 3

可爱小便当
带着舌尖去旅行

Chapter 4

创意小料理
宝宝最爱的创意料理

Chapter 5

超萌小面点

动点小心思美味大不同

Chapter 6

爱的小叮咛
宝宝餐的安全把关

宝贝不剩一粒饭

Chapter 1

宝宝餐入门

开启妈妈爱的料理之门

自制宝宝餐的 8 大理由，赋予你超强的行动力，从食材准备到制作便当的工具都贴心为你一一罗列，再加上诱人的酱汁调配，让你的烹饪完全零失误。初当妈妈别紧张，只要用爱就能开启料理之门！

自制宝宝餐的 4 大理由

快食文化无孔不入地侵蚀着我们快节奏的生活，就算是有小孩的家庭也偶尔图方便而带着宝宝一起吃外卖，这样是非常不利于宝宝的健康的。

 ## 理由 1：安全第一，健康最重要

随着生活水平的提高，饮食健康越来越得到大家的高度关注，不仅是成年人就连宝宝们的饮食健康也同样不容忽视。自制宝宝餐的好处一是能够最大程度降低不新鲜的食物对宝宝身体的伤害，不像外食一样用料来历不明甚至用变质食品。二是能够根据宝宝的发育需求，制作出阶段性最适合他们的菜谱，营养更全面更贴切，为宝宝的健康护航。

 ## 理由 2：增加与宝宝之间的情感

亲手为宝宝制作的餐食更能体现妈妈对宝宝的爱，用心去制作出他们喜欢的造型，又搭配好最适合他们的食谱，这样一来营养全面不说，还能与宝宝有更多的互动。让宝宝感受到妈妈的浓浓爱意，同时享受到造型可爱营养丰富的美味，当然会让宝宝更爱你啦。

 ## 理由 3：节省时间

周末如果带宝宝到游乐园玩耍，自带的便当或者小点心可以节省很多时间。游乐园提供的大多都是没有营养或是油炸的快餐，不仅对宝宝身体不好，排队点餐也会让饿了的宝宝焦虑不安，所以去游乐园或是郊游，自备便当或饱腹食品，卫生又安全，主要还省心省力，让宝宝能有更多的时间玩耍。

 ## 理由 4：即做即吃，营养不流失

超市里的各式食品，都是提前制作而销售的。这样一来，中间相隔的时间就会让食物的营养流失一大半，如果一些不良商贩把前天没卖完的食物再拿出来卖，这样不仅没有营养，还会让宝宝有肠胃不适的风险。开袋即食的食物更是添加了很多添加剂制作而成，自制手工小食不仅方便携带还毫无有害物质，更利于宝宝的健康成长。

自制宝宝餐的 5 个原则

孩子的饮食是妈妈们最关心的一个问题，因为宝宝的牙齿和消化能力尚未完全发育，但是又要营养均衡才能健康成长，所以在制作宝宝餐时必须注意有所为有所不为。

 ## 原则 1：食材新鲜

新鲜的食材营养流失最少也最为丰富；妈妈们不能偷懒把一周的食物都买好放冰箱，这样就不能达到宝宝餐的营养标准了。特别是鱼肉或者虾，一定要保证活鱼活虾，鱼肉最好要剔除鱼刺鱼骨再制作成料理，让宝宝吃得更安全。

 ## 原则 2：根据宝宝年龄制作

宝宝每个年龄层段要求的食物大小以及软硬程度不同，2~3 岁的宝宝咀嚼能力自然不如 5 岁以上的小孩，所以在制作宝宝餐时，鱼块、鸡肉可以切成丁，而猪肉可切成肉沫再制作佳肴，宝宝吃得更安全也更便捷，不会为难他们的小牙齿。

 ## 原则 3：严格把控调味料

妈妈在放盐、糖、酱油等调料时一定要手下留情，千万不要多放，并且味精和鸡精这类调味品最好不放。不要按大人的口味给宝宝做菜，因为宝宝的肠胃相对较弱，制作的菜肴宜口味清淡自然些更符合他们的肠胃，更利于营养的吸收和消化。

 ## 原则 4：掌握好火候

除了要注意调味料的用量，也要注意掌握好做饭的火候。同时，不要把宝宝的肠胃和牙齿想得过于脆弱，一味把所有的食物都延长时间去煮烂它，这样不但损失了营养，也不利于宝宝牙齿的发育和锻炼咀嚼能力。所以有些蔬菜只要煮熟，掌握好它的大小就可以了。

 ## 原则 5：注重色香味形

宝宝的口味不同于成人，有点挑剔，有点娇惯，也十分敏感。所以在制作宝宝餐时，特别注重色、香、味、形这四样要求，在形态上面多做些小动物或者卡通人物的形象，不仅在吃的时候能够打开宝宝食欲，也能锻炼宝宝的想象力、认知力和创造力。

宝宝餐必备的省力工具

在家给宝宝制作营养餐成为新时代妈妈们的必备技能，面对繁忙的工作和琐碎的生活，一个给力的工具能事半功倍，下面就为大家介绍几款实用的宝宝餐必备的省力工具。

宝宝食物剪刀

宝宝食物专用剪刀，采用钝口设计，ABS 食用级材质，安全无毒不易滋生细菌，而且也不会弄伤宝宝的小手。

蔬果切割器

简易的蔬果切割器能够轻松将水果切割成小块，更加方便宝宝进食。安全的宽手柄防护措施不用担心伤到手指。

压花器

各种图案的压花器可以帮助你快速制作出各种可爱的小食物图案，用于装饰便当或是饭团是非常不错的选择，是妈妈们省力省时的小助手。

研磨碗

可以轻而易举地将煮好的蔬菜和水果捣碎成辅食泥，配备的专门网口捣锤与碗底条纹相互摩擦时能让妈妈更省力。

料理机

　　料理机绝对是制作宝宝辅食的必备工具，集打豆浆、磨干粉、榨果汁、打肉馅、刨冰等众多功能于一体，使用和清洗都非常方便。

简易电动搅棒

　　让你更加轻松准备汤、米糊等，轻巧而且具有强大的马达，能够充分将食物成分混合，而且电动搅棒小巧易于清洗，使用起来也很方便。

防滑哺喂碗

　　倾斜的设计非常符合人体工程学造型设计，更加方便让宝宝自己进食。宽大边缘设计可以很容易拿起餐盘。

饭团模具

　　如果你觉得米饭又粘又不成形，制作起来非常费力，那么饭团模具就是妈妈们制作饭团的小神器，让你不费吹灰之力就能做出宝宝们最爱的饭团造型。

动手为宝宝制作健康酱汁

　　宝宝吃的东西往往口味比较清淡，所以妈妈们都会尽量不放盐、糖等调味品，但对于宝宝而言，寡淡的食物会消减他们对食物的喜爱，所以不妨制作几款健康的酱汁，与宝宝餐搭配着吃。

 ## 沙拉酱

　　沙拉酱是一种百搭的酱，不论是在面包、蛋糕、沙拉还是各式烹饪中都常会使用到，比起购买的沙拉酱，自己在家做的不但新鲜，而且更加绿色健康，符合宝宝们的成长要求。

主料：鸡蛋黄 1 个。

配料：植物油 225g，白醋 25g，糖粉 25g。

做法：

Step1：蛋黄加白糖，用打蛋器打至颜色变淡。

Step2：然后用汤匙一边加油一边继续用打蛋器打发。

Step3：打到变成浓稠状时，慢慢加入白醋，继续打发。

Step4：直到油和醋加完，打发至米白色就完成了。

Tips：

1. 将白醋换成等量新鲜柠檬汁，可使做出来的沙拉酱充满柠檬的清新香味。

2. 最后一次加入白醋时，先看一下酱的浓稠程度，白醋不一定全部加完，依据个人口味调整。

 ## 番茄酱

　　番茄酱酸酸甜甜的，非常受宝宝们的喜爱。它也是面包和煎饼和最佳伴侣，番茄还具有健胃消食的效果，能让小朋友爱上吃东西，而且材料便宜，制作方法也很简单。

主料：番茄 3 个。

配料：白糖 15g，淀粉 2g。

做法：

Step1：用刀在番茄上画个十字，用开水烫一下，剥掉外皮。

Step2：将番茄肉切成小粒，放入搅拌机里打成泥状。

Step3：将番茄泥倒入煮锅中，用小火慢慢煮开。

Step4：加入白糖和淀粉，边煮边搅拌，直至浓稠即可。

Tips：

1. 熬酱的锅可以用不锈钢锅、电饭锅或者砂锅等，但是不能使用铁锅。

2. 糖是天然的防腐剂，加入的糖越多，酱的保质期越长。

鸡肉蘑菇酱

　　鸡肉蘑菇酱用来拌面条不仅好吃且富有营养，而且制作起来非常方便，也可以用鸡肉蘑菇酱搭配一些白灼的蔬菜，让宝宝们的便当味道更鲜美。

主料：鸡腿肉 100g，香菇 10 颗。

配料：鲜奶油 50g，淀粉 20g，盐 1 匙。

做法：

Step1：将香菇和鸡肉用开水焯过之后切丁备用。

Step2：将切丁后的香菇和鸡肉放入料理机打成泥状。

Step3：将泥酱 1:1 兑水倒入锅中，加入淀粉和盐熬煮。

Step4：用小火慢炖至浓稠状，最后加入鲜奶油拌匀即可。

Tips：

1. 依据宝贝喜好在出锅前加入少量芝麻和孜然，味道更佳。

2. 没有新鲜的香菇，用干香菇泡发使用效果也一样。

 什锦果酱

　　外面卖的果酱虽然可以保存较长时间，但里面的添加剂对于小朋友来说实在是百害无一利，自制的果酱健康新鲜，更具风味，如果你是个聪明的妈妈，相信一定会选择自制果酱搭配三明治再给宝宝们食用的。

主料：苹果 1 个，橘子 1 个，梨 1 个。

配料：淀粉 20g，白糖 50g。

做法：

Step1：将苹果、橘子和梨去皮后切成小丁状。

Step2：放入白糖与果粒拌匀，静置 30 分钟释放果胶。

Step3：将食材倒入煮锅里，兑入适量开水慢火熬煮。

Step4：加入淀粉熬煮至果酱变得浓稠，关火晾凉。

Tips：

1. 根据个人喜好选择多种水果搭配，调制出自己喜欢的口味。

2. 用料理机打碎果粒，可以节省熬煮的时间。

蛋黄酱

蛋黄酱里含有较多的油，自己制作可以保证用油安全，让宝宝的肠胃更健康一些。蛋黄酱还可以用来做浓汤，能做出法式大餐的感觉。

主料：鸡蛋黄 1 个。

配料：白糖 25g，橄榄油 10g，食盐 1/2 匙，白醋 15g。

做法：

Step1：蛋黄加入白糖，用打蛋器搅拌均匀。

Step2：一边用打蛋器打发一边慢慢加入橄榄油。

Step3：打至浓稠状时慢慢加入白醋继续打发。

Step4：最后加入少许食盐，让甜度更明显。

Tips：

1. 这是基本的蛋黄酱做法，如加酸黄瓜粒、番茄酱就成了千岛酱。

2. 剩下的蛋黄酱装入密封罐中存入冰箱可以保存一周，最好尽快食用。

 咖喱酱

咖喱酱采用大量的香料，食材丰富，集所有精华于一体，与清淡的海鲜、白切鸡或是素菜都很搭配，也是宝宝便当盒饭团里的百搭酱料之一。

主料：咖喱粉 250g。

配料：胡萝卜 1 根，洋葱半个，土豆 1 个，虾仁 50g，椰浆 30ml。

做法：

Step1：将胡萝卜、洋葱、土豆切块，和虾仁入锅翻炒。

Step2：加入适量的水，盖过食材即可，再加入椰浆。

Step3：放入咖喱粉，搅拌均匀后盖上锅盖焖煮 10 分钟。

Step4：打开锅盖，让多余的水分蒸发，煮至浓稠状即可。

Tips：

1. 汤汁不要收的太浓，否则冷却后会变硬，不方便拌来吃。

2. 咖喱块中本身含有一定的盐量，所以不必再加盐。

怎样配备营养均衡的便当

营养均衡是我们常常挂在嘴边的话，但是如何才能做到营养均衡却总是让人一头雾水，并不是在家常备几盒各种颜色的维生素就能了事，选对食材，找对方法，这一切都很简单。

 选菜有讲究

面对玲琅满目的蔬菜，在选择食材时你是不是也会茫然若失？最简单的办法就是按照蔬菜颜色来挑选。因为蔬菜的颜色与营养含量有直接关系，绿色蔬菜优于黄色蔬菜，黄色蔬菜优于红色蔬菜。但不同颜色的蔬菜也是各有所长，并不是说一种蔬菜所有的营养成分都高于另一种蔬菜。妈妈们应该选择多种蔬菜合理搭配，使营养价值互补。

 荤素结合，均衡营养

虽然 2 岁以上的宝宝们已经能够吃大部分的食物，但是为他们准备便当时，还是要保证充分的能量，含蛋白质、维生素和矿物质的食物必不可少。应以五谷为主，荤素结合。最好多吃素食，如大量的蔬菜（丝瓜、藕等含纤维素较多），搭配适当的肉类、蛋类和鱼类，要注意少油、少盐、少糖。

 烹调方式也很重要

便当的烹调方式最好选择烫、煮或者凉拌，这样可以保证食材的营养成分在烹饪过程中不被流失。较长时间保存食物的过程中，食材中余热也会继续加热食物，所以煮至八分熟即可，能够更好地保持食材的味道。爆炒或者油炸等方式含油脂太高，容易给宝宝的肠胃造成负担。

 加入坚果补充微量元素

坚果中含有一些宝宝成长所需的微量元素，如不饱和脂肪酸、维生素和矿物质营养，是一般食品所不具备的。在为宝宝准备便当时，适当加入一些坚果是最好不过的。但是坚果含的热量非常高，所以要注重控制坚果的分量，以免宝宝身材肥胖。

最安全的宝宝餐用油

层出不穷的"地沟油"事件让妈妈们闻油色变，可是宝宝的成长少不了油的陪伴，那么该如何选择给宝宝食用的油呢？

 挑选有机"绿色"食用油

在挑选食用油时要特别注意，食用油的原料是否采用的是有机的绿色原料。原料应当来自于有机农业生产体系或野生天然产品，没有使用化肥、激素、抗生素、食品添加剂、化学合成的农药以及使用基因工程技术产物。这样食用油不会受到污染，保证了宝宝的健康食用，也让自己放心不少。

 要挑选非转基因的食用油

联合国《生物多样性公约》中明确提出"转基因作物会给环境带来生态风险及可能影响人体健康"。只有食用油的所有成分均是采用非转基因食品为原材料，这样的油才能充分保证食品的安全。所以，为了宝宝的健康，妈妈们还是应该选用绿色的非转基因食用油。

 食用油要富含不饱和脂肪酸

中国营养学会曾指出 0~6 个月婴儿的脂肪摄入量应占总热能的 45%~50%，6~12 个月为 35%~40%，2~6 岁为 30%~35%，6 岁后为 25%~30%。不饱和脂肪酸是宝宝生长发育所必需的脂肪酸，人体不能直接合成，只能通过食物来摄取，而 70% 就来自于食用油中。所以挑选富含不饱和脂肪酸的食用油，对于宝宝的生长发育有着极其重要的意义。

 选购时要注意营养配比

根据中国营养学会推荐，食用油当中的亚麻酸与亚油酸的比例接近 1：4，是最适宜婴幼儿食用的配比。这种接近母乳脂肪的比例，更易于使婴幼儿脑部发育中的 DHA 达最高水平，还可以更好地调节婴幼儿体内脂肪酸平衡，有助于营养元素的均衡吸收，并能增强宝宝对疾病的抵抗能力。

宝宝用餐大讲究

　　宝宝吃饭慢怎么办？边玩边吃，不用心吃饭怎么办？到了吃饭时间却不想吃饭怎么办？对于宝宝的用餐，妈妈总是有太多太多要操心的问题，所以让我们一起来看看如何科学有效的安排宝宝的用餐时间。

1. 吃饭氛围很重要

　　宝宝吃饭慢是不是让你很头疼？试着还一下宽松愉快的用餐氛围也许宝宝们就会加快吃饭的速度。比如在吃饭时放点柔和的轻音乐以及制作出可爱的宝宝餐，让宝宝保持愉悦的心情。切忌在餐前或用餐过程中批评宝宝，造成紧张用餐氛围。

2. 严格控制进餐时间

　　将宝宝的进餐时间控制在 30 分钟内，超时就不允许再吃。作为一个理智的家长，最好不要哄骗、威胁小朋友吃饭，等他们饿了再让他吃，不然会给他们造成抗拒吃饭的心理。饭前也不要给宝宝太多的零食，否则会消减其正餐时的食欲。更不要让孩子边吃边玩，或边看电视边吃，这些不良的进餐习惯，都会让孩子吃饭分心，影响食欲。

3. 让宝宝独立用餐

　　让宝宝独立是每个父母的心愿，这也是要从小培养的用餐习惯。作为小朋友的监护人，要和老师沟通，及时掌握孩子在幼儿园的情况，在家里也要求孩子像在幼儿园一样学会自己用餐。不能过于宠溺小孩，让他们养成不良的吃饭习惯。

4. 餐前与宝宝互动

　　让宝宝与你一同制作饭菜，以一种玩乐的方式让他们对食物产生兴趣。在制作的过程中给他们讲解各种食物的生长小故事和营养知识，小朋友们也会变得尤为珍惜食物，也增进了和爸爸妈妈之间的感情。

5. 奖罚分明的吃饭制度

　　宝宝们最喜欢的就是鼓励，用正面的引导方式鼓励宝宝们独立用餐，设立好宝宝吃饭评比表，每日进行，可以自制一些奖励小贴画、小动物头饰等方法来激励宝宝们尽快用餐，增加宝宝正确、独立吃饭的动力。

6. 吃饭地点要固定

　　宝宝们吃饭慢的原因很大一点就是吃饭地点随心情而定，想去哪玩就去哪玩，根本顾不上吃饭。想要解决这个头疼的问题，首先得培养孩子坐在饭桌前吃饭的好习惯，不要端着碗陪着孩子到处跑，这样会让宝宝分心，也不利于食物的吸收和消化。

宝贝不剩一粒饭

Chapter 2

爱的小饭团

造型各异充满爱的结晶

白白胖胖的米饭，是我们每餐都需要的能量。

你可曾想过，这些平淡无奇的米饭也能引起宝宝的食欲？

发挥想象力以及动手能力，造型各异的可爱饭团你也能轻松搞定，

最重要的是能够博得宝宝的欢心！

饭团姐妹花

低难度　15分钟　1人份

大部分速食品，使用油来烹调，并不适合小朋友，而饭团姐妹的主要材料是大米和海苔，不仅造型可爱，又健康方便，非常适合外出野餐时准备。

做起来很简单

① 把米饭装入三角形饭团盒里压实。

② 取出模具后，稍晾凉一些备用。

③ 将海苔剪成约 7cm 的长条形，
一端剪成圆形。

④ 用海苔条包住饭团，圆形一端
朝上。

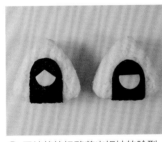

⑤ 用片状的奶酪剪出姐妹的脸型。

⑥ 用火腿和蟹棒的白色部分剪成
长条做装饰。

⑦ 用蟹棒和奶酪剪出樱桃和皇冠
的造型，贴在小人头上。

⑧ 用海苔剪出五官，用番茄酱装
饰两颊。

蝴蝶幸运草饭团

蝴蝶花草主题的饭团能够营造外出野餐的氛围，让小朋友心情瞬间明亮，食欲也会因为这"美景"美食增加不少。

做起来很简单

① 将胡萝卜切碎，放入米饭中拌匀，分成两个100g的饭团。

② 便当盒里铺上生菜叶，放入两个胡萝卜饭团。

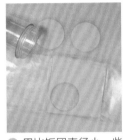

③ 用比饭团直径小一些的圆形模具按压出两片圆形奶酪。

④ 奶酪片直接摆放在两个饭团上，露出饭团的边缘。

⑤ 将椰菜花等配菜用开水焯过后仔细装入便当盒里。

⑥ 用椭圆模具和爱心模具按压出蝴蝶翅膀和幸运草的叶子。

⑦ 用海苔剪出蝴蝶身子和触角，将火腿翅膀和黄瓜幸运草摆入奶酪片上。

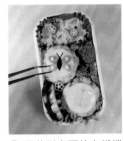

⑧ 用花形意面放在蝴蝶的翅膀上，作为装饰。

准备这些别漏掉

米饭1碗，胡萝卜1/2根，生菜1片，奶酪1片，火腿2片，黄瓜2片，海苔1/2片

爱心帖士

1. 配菜可根据个人喜好搭配。
2. 米饭里可以掺入杂粮一起焖煮，更加健康。
3. 如果不喜欢奶酪片也可以用白萝卜片代替。

小鸡饭团

中难度

20分钟

1人份

暖色系的小鸡饭团明亮可爱，注重荤素的搭配，不仅秀色可餐，也会让宝宝拥有一个快乐的用餐心情。

做起来很简单

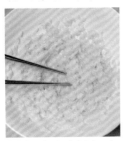

① 鸡蛋加入米饭中，加入少许盐拌匀，放入平底锅中炒熟。

② 待鸡蛋饭团稍冷后装入保鲜袋，用手揉成椭圆形。

③ 将一整片的海苔裁剪成条状，再折半后剪出半圆形。

④ 将对折剪半圆的海苔打开，包在饭团上制作成小鸡肚子。

⑤ 用海苔压花器按压出眼睛和爪子，把眼睛剪成圆形。

⑥ 将剪好的小鸡眼睛和爪子贴在饭团上，用胡萝卜薄片剪出嘴巴。

⑦ 将准备好的肉松放入制作蛋糕的小纸杯中，摆入饭盒里。

⑧ 用小花模具按压出洋葱花朵，再摆入其他材料即可。

准备这些别漏掉

鸡蛋1个，米饭1碗，盐少许，海苔2片，胡萝卜少许，肉松适量，西兰花适量，洋葱1片，西瓜少许

爱心帖士

1. 海苔因为太干不易对折或者容易断裂，只需在海苔上喷洒少许水使海苔变软即可。

2. 饭团的大小要注意，不能是一口吞的分量也不能太大，一口吞会很容易引起宝宝气管卡住，分量太大不易进食。

3. 如果家中没有保鲜袋，可以在手上蘸取少许开水，用手捏制饭团，这样黏稠的米饭就不会粘手又便于造型了。

米奇米妮雪糕饭团

雪糕形状的饭团能够让爱乱抓的小朋友们吃起来米饭不黏手，又方便食用，这么富有创意的雪糕饭团相信小朋友们一定爱不释手。

准备这些别漏掉

米饭 1 碗
海苔 2 片
奶酪 1 片
蟹棒 2 根

爱心帖士

1. 海苔包住饭团后可用少许水抹平不平整处。

2. 将饭团放冷后再拿起，以免饭团散开。

3. 也可以用胡萝卜片代替蟹棒使用。

做起来很简单

① 米饭分成 110g 一个，揉成椭圆形。

② 海苔剪成长条形，把饭团的 2/3 包住。

③ 剪四片圆形海苔，包住 8g 揉成圆形的米饭。

④ 用意面固定住小饭团，插入大饭团上。

⑤ 用圆形模具按压出圆形奶酪和蟹棒，分别贴在两个饭团上。

⑥ 另一根蟹棒煮熟沥干水分，中间折叠用意面固定住。

⑦ 把蝴蝶结蟹棒插入米妮饭团上，作为装饰。

⑧ 在饭团下面剪开一个小口，插入雪糕棍即可。

情侣饭团

如果小朋友正在长身体食量扩增的话，情侣饭团是首选。两个白白胖胖的情侣充满着父母对小朋友的爱，吃起来也会特别美味。

做起来很简单

① 把米饭分成两份，每份 65g，用保鲜膜揉成人形饭团。

② 用海苔剪出小人的头发，粘在饭团上。

③ 火腿肠和奶酪片切细条状贴在小人脖子上，并剪出小人的帽子。

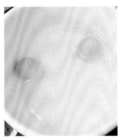

④ 在水里加入少许盐焖煮鱼蛋，将煮熟的鱼蛋捞出沥干水分。

⑤ 花椰菜焯水滤干摆入便当中，放入鱼蛋，撒少许盐。

⑥ 胡萝卜煮熟切片，用模具按压出爱心形胡萝卜。

⑦ 将胡萝卜摆在鱼蛋上，摆出两个爱心的造型。

⑧ 剪出小人的眼睛，用牙签蘸少许番茄酱点在小人脸上即可。

准备这些别漏掉

米饭 1 碗，海苔 1 片，火腿肠 1/2 根，奶酪 1 片，花椰菜 1 朵，生菜 4 片，鱼蛋 2 颗，胡萝卜 1/2 根，番茄酱少许，盐少许

爱心帖士

1. 食用花椰菜时可配些酱料味道更好。
2. 可以根据个人喜好将鱼蛋换成牛肉丸。
3. 先将保鲜膜用水蘸湿，可以避免捏人形时粘住米饭。

小熊蜜蜂饭团

中难度　25分钟　1人份

萌萌的熊脸形状非常能讨小朋友的欢心，无论是蔬菜还是肉类都得到了合理的搭配以及摆放，再来几个水果就能够充足一天的能量。

准备这些别漏掉

米饭 200g
胡萝卜 1/2 个
奶酪 1 片
火腿 1 片
海苔 1 片
酱油少许

🍽 🍲 🔔 ☕ 🫖

爱心帖士

1. 酱油与米饭搅拌时，
加入少许清水，以免饭团
过咸。

2. 小熊的五官也可以用
巧克力酱来画，更加方便
简单。

3. 在饭团边上撒上少许
芝麻，更加好吃。

做起来很简单

① 取 100g 白米饭，用保鲜袋包裹住揉成圆形。

② 另一个饭团用少许酱油拌匀揉成圆形，放入便当盒内。

③ 胡萝卜切片煮熟，用模具按压出小花胡萝卜。

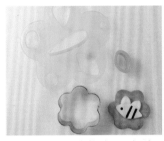

④ 用奶酪做成蜜蜂肚子和翅膀，用海苔剪出眼睛和肚子的花纹。

⑤ 用大圆形模具压出圆片耳朵和奶酪鼻子。

⑥ 用表情压花器在海苔片上按压出小熊的五官。

⑦ 把材料装饰在棕色饭团上做成小熊的造型，将蜜蜂摆放在白色饭团上。

⑧ 铺上土豆泥、苦瓜等配菜，用胡萝卜小星星作为装饰。

宝贝不剩一粒饭

Chapter 3

可爱的小便当

画面感十足的营养便当

可千万别小看小朋友们对于色彩的敏锐度，色彩鲜艳、造型好看的便当可以营造宝宝好的进食心情。

用西兰花、胡萝卜、洋葱等色彩鲜艳，营养丰富的蔬菜，就可以打造一部爱的美食动画片！

Line 可妮兔便当

可爱的便当造型会让人食欲大增，将食材摆成不同的卡通人物造型，在打开便当盒那一刻会不会有惊艳的感觉，俏皮的笑脸会让吃饭的人心情也变得十分有味。

做起来很简单

① 把米饭装入便当里，用饭勺平压紧实。

② 把鸡蛋调匀后入锅，用中火炒成碎粒状。

③ 把鸡蛋碎摆入便当盒中，中间空出头像。

④ 用黑色的芝麻围着空出的轮廓边缘洒一圈。

⑤ 用火腿剪出两个圆形放在馒头人两颊，海苔剪出五官摆入。

⑥ 海苔剪出两个小圆形作可妮兔的眼睛，火腿剪出嘴巴。

⑦ 用镊子蘸取少许番茄酱作腮红，点缀在可妮兔的脸上。

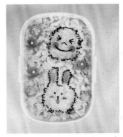

⑧ 用胡萝卜和青椒切片做装饰，摆放在头像两侧。

准备这些别漏掉

米饭1碗，火腿1/2根，鸡蛋2个，芝麻少许，海苔少许，番茄酱少许，盐少许

爱心帖士

1. 打蛋液时顺便将盐也一起放入搅匀，如果入锅炒后再放盐有可能咸淡不匀。

2. 如果担心用蛋碎不好摆图形，可以先用黑芝麻摆好图形后再放蛋碎。

3. 炒蛋时尽量使用植物油，如果使用猪油，菜冷却后会有油垢。

篮球便当

中难度

20 分钟

2 人份

除了健康的饮食，适当的运动对于小宝贝的成长也是同样重要的，将活力十足的篮球运动做成便当，让小朋友在日常的饮食中潜移默化的爱上运动！

米饭 1 碗
番茄酱少许
生菜 2 片
海苔 1 片
盐少许

爱心帖士

1. 剪成细长条的海苔要轻轻包住米饭,贴上米饭后不要再反复移动,易使海苔断裂。

2. 将保鲜膜放入一个干净的碗里,将米饭放入后收紧保鲜膜可以轻松捏出饭团。

3. 可以直接用新鲜番茄汁拌饭,但这样口味偏酸。

做起来很简单

① 准备一碗约 200g 的米饭。

② 将番茄酱和盐放入米饭中拌匀。

③ 取 80g 装入保鲜膜中揉成球形。

④ 海苔剪成约 7cm 的细长条状。

⑤ 在篮球米饭的横竖向各贴上一根海苔条。

⑥ 再贴上另两边海苔条做成篮球。

⑦ 在便当盒里铺上生菜叶。

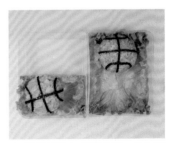

⑧ 把米饭装入便当盒里,放入其他配菜即可。

花形蛋包饭便当

中难度　30分钟　1人份

蛋包饭是日本一种比较普遍且很受青睐的主食，由蛋皮包裹炒饭而成的菜肴。其造型清爽，吃起来爽口美味，深受小朋友们的喜爱。

做起来很简单

① 将青豆、胡萝卜粒、玉米混合米饭炒好后铲出待用。

② 鸡蛋加少许盐和水拌匀，用平底锅小火煎至蛋液凝固成蛋饼。

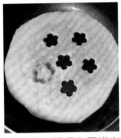

③ 用花形模具在蛋饼上按压出镂空图案，将花朵拿出备用。

④ 将鸡蛋清分离出来，用搅拌器搅拌均匀。

⑤ 用勺子把蛋清倒入镂空花形图案里，小火煎熟翻面。

⑥ 将火腿肠切成三等分长，摆入便当盒内。

⑦ 用海苔剪出眼睛和嘴巴装饰在火腿肠上。

⑧ 摆入用模具压出的鸡蛋花，装饰上其他食材即可。

准备这些别漏掉

蛋炒饭1份，鸡蛋2个，蛋清1个，火腿肠1根，海苔1片，水少许，盐少许

爱心帖士

1. 如果是新手，可以在鸡蛋里多放一点太白粉也就是马铃薯淀粉然后加一点水搅匀。

2. 用来炒饭的米饭，最好是隔夜的米饭。因为隔夜米饭水分比较少而且比较硬，不会粘锅。

3. 炒饭的材料可以按个人喜好随意搭配，不需要按照食谱做到每样材料都一样。

花朵便当

中难度

25分钟

1人份

早上起晚了，没时间做复杂的便当怎么办？没关系，推荐一款花朵便当，借助模具的力量一下子就可以塑造出一朵清丽的花朵造型，既省时也不会让便当质量打折扣呢。

做起来很简单

① 将紫甘蓝叶洗净，放入锅中煮熟后滤干。

② 把紫甘蓝叶放入搅拌机里搅成泥，和白米饭拌匀。

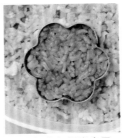
③ 炒饭装入便当盒里，把小花模具放入炒饭上，用紫米饭填满。

④ 用手蘸取少许清水滴在模具的边缘上，然后轻轻取出模具。

⑤ 火腿片中间切竖条，对折后卷起，用生意面固定尾端，做成火腿花。

⑥ 先将开水焯熟的西兰花装入便当盒，随后在西兰花上摆放虾子和火腿花。

⑦ 在奶酪片上按压出小圆点装饰在紫米饭小花上。

⑧ 最后将煮熟的青豆装饰在小花上即可。

准备这些别漏掉

紫甘蓝3片，白米饭少许，炒饭150g，火腿1片，西兰花1朵，虾子2只，奶酪1片，青豆6颗

爱心帖士

1. 火腿花最好选用较为软薄的火腿片制作，这样较为容易卷起。
2. 可以根据自己喜欢的颜色选择相应的蔬果来给米饭染色。
3. 用热的米饭来和蔬果汁染色更容易着色。

海贼王便当

风靡大众的海贼王，各种周边产品层出不穷，它们强大的影响力甚至蔓延至我们的便当中，看起来复杂的造型做起来其实并不难，但也需要一点耐心才能将酷炫的海贼王塑造成功。

做起来很简单

① 把米饭装入便当2/3的量，用勺子压平。

② 剪出便当1/3大小的海苔片放入便当中间。

③ 用蛋皮、奶酪和海苔分别剪成大小不一的圆形。

④ 用深浅两色的奶酪刻成骨头、小圆点和三角形，海苔剪出五官，如图叠起。

⑤ 用模具压出一个圆形和一个水滴形的浅色奶酪。

⑥ 将圆形和水滴形奶酪叠起，海苔剪五官，蛋皮和小番茄做草帽。

⑦ 小番茄洗净擦干，用巧克力酱画出花纹即可做成恶魔果实。

⑧ 将桑尼号和海贼旗小心的摆入便当中即可。

准备这些别漏掉

米饭1碗，海苔1片，奶酪2片，鸡蛋1个，小番茄2个，巧克力酱少许

爱心帖士

1. 深色奶酪可用胡萝卜代替。

2. 将小番茄上的水分擦干净，可使巧克力酱更易贴合。

3. 可以在饭中间放一层配菜，不仅好看也更好吃。

45

钢琴便当

周末闲暇制作便当，对妈妈来说既是消闲也是放松。饭粒的香气弥漫在房间里，心中也慢慢堆积起温暖和满足。一大盒可爱的爱心便当，满溢着对孩子浓浓的爱。

中难度　　20分钟　　2人份

准备这些别漏掉

米饭 1 碗
海苔 2 片
奶酪 1 片
火腿 1 片
胡萝卜少许

🍽 🍲 ☕ 🫖

爱心帖士

1. 在配菜上加入几滴柠檬汁可以保持蔬果艳丽的色泽。

2. 用胡萝卜可以雕成不同的音符造型。

3. 不到万不得已使用带剩饭剩菜,因为便当空间有限,容易滋生细菌。

做起来很简单

① 米饭装入便当 2/3 的量,用勺子压平。

② 海苔剪出 5 条长方形的琴键,长度为米饭的 2/3。

③ 把海苔琴键如图摆入米饭上,用手指轻轻按压。

④ 用小刀在海苔琴键下面划出空隙做成白色琴键。

⑤ 将配菜装入便当盒内空余的 1/3 里,摆整齐。

⑥ 用圆形模具按压奶酪的一半做成小女孩的头发。

⑦ 把奶酪头发摆在切片的火腿上,用海苔剪出眼睛和嘴巴。

⑧ 将白纸音符图案摆在胡萝卜片上,用小刀刻出音符,摆入便当里。

牛郎织女便当

 中难度　 25分钟　 1人份

人类已经不能阻止便当了，连牛郎和织女也可以装入便当盒内，看起来十分复杂的造型其实只需运用到海苔和米饭就能搞定，跟着步骤图来做，你也可以轻松学会。

做起来很简单

① 将米饭分为35g一个，揉成两个圆形。

② 用海苔剪出牛郎和织女的头发和五官。

③ 取一片海苔剪成圆形，中间放少许米饭包起。

④ 海苔剪两片长方形，放入米饭卷起海苔。

⑤ 圆形海苔放入牛郎头顶做发髻，长条海苔曲成织女头发。

⑥ 用番茄酱做腮红，用小花模和蛋皮做成小花点缀织女头发。

⑦ 剪出两个和便当盒长度一样的三角形海苔。

⑧ 将海苔铺入便当两侧，加一些蔬果装饰即可。

准备这些别漏掉

米饭1碗，海苔2片，面条1把，番茄酱少许，鸡蛋1个，火腿1片，黄瓜少许，胡萝卜少许

爱心帖士

1. 卷发髻和织女头发时最好使用干、凉一些的米饭，热米饭易使海苔遇水断裂。

2. 面条煮好后用冷水过一遍，这样面条不会黏在一起。

3. 在面条上放一些拌面酱会更加好吃。

小猫小兔吐司便当

用吐司来做便当，比起米饭更加方便快捷，偶尔变换一下口味，更吸引小朋友的兴趣。加上小兔小猫的可爱造型，打开便当的那一刻绝对会让旁边的人惊呼"好可爱，好想吃"！

做起来很简单

① 吐司切掉四边，火腿肠切半，用吐司把火腿卷起。

② 用兔子模具按压吐司边做成小兔耳朵。

③ 横向按压吐司边，做成小猫耳朵。

④ 用表情压花器在海苔上按压出眼睛。

⑤ 火腿肠切4片薄片，再用圆形模具按压出腮红。

⑥ 把卷好火腿的吐司装入便当中，再装饰上五官。

⑦ 西兰花、香菇和玉米粒洗净，放少许盐煮熟滤干。

⑧ 摆入其他材料，最后装饰上动物耳朵即可。

准备这些别漏掉

吐司2片，火腿肠1根，海苔1片，西兰花1朵，香菇2个，玉米少许，火腿1片，盐少许

爱心帖士

1. 卷吐司时可把吐司稍稍按压一下更容易卷起。

2. 吐司内也可以包裹煎牛肉或者叉烧。

3. 将吐司片烤了之后再做便当更加美味。

熊猫便当

 中难度   10分钟   1人份

憨态可掬的大熊猫无论什么时候都是那么的招人喜爱，做成便当看起来更加呆萌十足，胖乎乎的身体让人忍不住要咬一口。

爱心帖士

1. 一定要将熊猫饭团的耳朵两角捏出来。

2. 在蒸米饭时加入一些糯米，就算便当变冷吃起来也不会干硬。

做起来很简单

① 米饭分为 50g 一个，揉成两个椭圆形饭团。

② 用海苔剪出约 8cm 的手和腿，手的尺寸比腿的稍小一些。

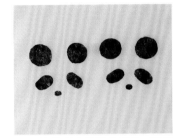

③ 用海苔剪出熊猫的耳朵、眼睛和鼻子。

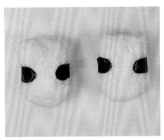

④ 把熊猫手的海苔条由后向前围住饭团。

⑤ 用熊猫腿的海苔条围住饭团的下方。

⑥ 将熊猫的耳朵贴合在饭团顶部的两侧。

⑦ 把熊猫的海苔眼睛贴上，向内呈八字形。

⑧ 最后在用镊子把熊猫的鼻子粘上即可。

小花便当

中难度

20分钟

2人份

有一句话叫做"幸福像花儿一样"，可爱的小花便当也会给吃饭的人带来像花儿般甜蜜的幸福吧，其实幸福并不困难，但也需要我们用心的经营。

准备这些别漏掉

肉末 100g
米饭 1 碗
玉米粒少许
四季豆 2 根
奶酪 1 片
淀粉少许
酱油少许
白砂糖少许

爱心帖士

1. 肉丸如果蒸熟后过大
或变形可用圆形模具按
压成小的圆形再摆入便
当盒中。

2. 四季豆不要煮的太老,
不然会变色。

3. 在肉丸里加入一些香
菇末会更好吃。

做起来很简单

① 便当盒中装入 2/3 的米饭,用
勺子压实。

② 肉末加入淀粉、酱油和白砂糖
拌匀静置 10 分钟。

③ 把肉末分成 15g 一个的小圆子
放入锅中蒸熟。

④ 玉米粒和切半的四季豆煮熟沥
干备用。

⑤ 把蒸熟的肉丸放入便当里,玉
米粒围着肉丸摆放一圈。

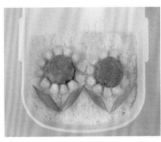

⑥ 用四季豆作小花的叶子,摆在
小花下面。

⑦ 奶酪用模具压出波浪形,再用
牙签插出小圆孔。

⑧ 把奶酪放入便当中间,摆上配
菜,撒上少许黑芝麻即可。

小狗肉末饭

肉末拌饭是妈妈们经常会给小朋友准备的一道餐点，因为小孩子的肠胃尚未发育成熟，对于肉类食品的消化也不是那么好，所以把肉类食品做成肉末能让小朋友们吃起来更无负担。

准备这些别漏掉

肉末 100g

白米饭 80g

炒饭 1 碗

火腿肠 1 根

生菜 1 片

海苔 1 片

酱油少许

爱心帖士

1. 炒肉末时酱油不宜放太多，会使小狗太黑，不够咸味可再放少许盐调味。

2. 在肉末中加入少许淀粉，可以使肉末更有黏性。

3. 用料理机打肉末时只需用中档即可，以免肉末太碎成了酱泥。

做起来很简单

① 肉末加少许酱油入锅炒熟待用。

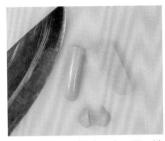

② 火腿肠竖着切成一半，另一端斜着切后一半。

③ 生菜叶上铺上肉末做成小狗的头。

④ 将火腿做成的小狗的耳朵和鼻子摆入便当盒。

⑤ 用海苔剪出眼睛和嘴巴，火腿用模具压成腮红和蝴蝶结。

⑥ 便当盒的另一半铺上炒饭，用勺子压平实。

⑦ 用保鲜袋将米饭揉成骨头形状，海苔用模具按压出图案。

⑧ 用海苔包住骨头米饭后放入炒饭中即可完成。

晴天娃娃便当

 中难度
 20分钟
 1人份

挂在屋檐上的晴天娃娃真的很可爱，人们祈求它祛除乌云带来阳光，饱含着美好的期望。现在也可以将它做成便当，将这份幸运送给爱的人。

做起来很简单

① 用米饭揉成头20g、身10g的晴天娃娃形状饭团。

② 用海苔剪出眼睛和嘴巴，用番茄酱点上晴天娃娃的腮红。

③ 切一条长条形的蛋皮放在晴天娃娃头和身的接口处。

④ 取25g米饭加入少许番茄酱，用勺子来回拌匀。

⑤ 把番茄酱米饭揉成圆形后稍微压扁一些，剪三条海苔。

⑥ 把三条海苔条如图包住番茄酱饭团，压住接口处。

⑦ 用模具按压出云朵奶酪片，用海苔剪出眼睛和嘴巴。

⑧ 把晴天娃娃和番茄酱饭团摆入铺满生菜丝的便当盒里。

准备这些别漏掉

米饭1碗，海苔2片，番茄酱少许，蛋皮1片，奶酪1片，生菜少许

爱心帖士

1. 晴天娃娃的头要做得稍微大一些会显得更可爱。

2. 可以将捏好的娃娃形状先放入便当盒内再贴五官。

3. 包裹饭团的海苔可以洒点水变软后再包裹饭团，以免断裂。

午睡小熊便当

蛋包饭可以有很多种造型，蛋包里包含着各种丰富的蔬菜，可口诱人，做成小熊的造型绝对能增加小朋友的食欲。

做起来很简单

① 用火腿、黄瓜、玉米粒、胡萝卜炒饭，平铺在便当盒里。

② 用白米饭加少许酱油拌匀，捏成小熊的头、耳朵和一只手臂。

③ 用火腿剪成小熊的耳朵和嘴巴，用海苔剪成小熊的眼睛、鼻子和被子的装饰。

④ 鸡蛋打散，倒入有少许油的平底锅中煎成蛋饼。

⑤ 将蛋饼切成被子的形状，剩下的蛋饼卷起当作枕头。

⑥ 将炒饭装入便当盒内，再把小熊摆在便当盒的一边。

⑦ 把剪好的五官贴在小熊的头上，再给小熊盖上被子。

⑧ 用海苔和焯过水的花形意面做被子的装饰即可。

准备这些别漏掉

蛋黄 2 个，米饭 1 碗，胡萝卜 1 根，黄瓜少许，玉米粒少许，火腿少许，海苔 1 片，花形意面少许，酱油少许

爱心帖士

1. 垫底的炒饭配料可以随个人喜好搭配。
2. 剪出的蛋饼边角不要丢掉，切碎和米饭拌在一起。
3. 可以加入一些青菜作为装饰，让便当色彩更加缤纷。

宝贝不剩一粒饭

Chapter 4

创意小料理

宝宝最爱的创意料理

饭团、便当都是家常便饭，到了周末的空闲，就可以为宝宝制作出更多更有趣的料理！

饭团怎样结合酱汁、意面应该怎么煮？

这些宝宝餐的学问以及创意，在这一章将会阐述它们的奥秘。

彩虹三明治

中难度

20分钟

1人份

每天三顿饭，早餐是最应该重视的。因为身体已经"饥渴"了整整一夜，急切地需要补充进食物和营养来满足需要。试一下这款彩虹三明治，简单又好做的西式早餐。

做起来很简单

① 将小番茄洗干净后，横向切成片状。

② 紫甘蓝叶切细条状，放置一旁备用。

③ 将黄瓜横向切成片状，用盐水泡一下，去掉涩味。

④ 鸡蛋加盐拌匀，倒入锅中小火炒熟备用。

⑤ 锅里倒入少许油，紫甘蓝丝入锅中炒熟。

⑥ 用锅内余下的油翻炒胡萝卜丝，加少许盐拌匀。

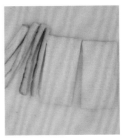

⑦ 切掉吐司四边，并且对半切成两块。

⑧ 在吐司片上放入备好的菜，用另一片吐司盖上即可。

准备这些别漏掉

小番茄2个，紫甘蓝2片，黄瓜1小段，鸡蛋1个，胡萝卜1小段，吐司5片，盐少许

爱心帖士

1. 可挤适量蛋黄酱或番茄酱风味更佳。
2. 可以随意搭配自己喜欢的蔬菜或者水果。
3. 用保鲜膜包住三明治，方便食用。

黑椒土豆熊

黑椒是欧洲风格菜肴里经常会用到的香料，与土豆泥搭配口感独特，别有一番滋味。而且黑椒还能驱风散寒和刺激胃分泌，少量的加入到宝宝的餐饮中有很好的保健效果。

土豆 1 个
胡萝卜 1/2 根
奶酪 1 片
海苔 1 片
菜椒 2 个
洋葱 1/2 个
黑胡椒酱少许
盐少许

爱心帖士

1. 捏土豆泥时可带上手套或手上蘸少许油防止粘在手上影响塑性。

2. 用水煮土豆时少放些水，以免土豆含水量过多压成泥太稀。

3. 可以直接将整个土豆放入微波炉里以高火蒸熟，然后剥皮压成泥即可。

做起来很简单

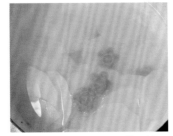

① 土豆切片，胡萝卜用模具按压成花形，放入锅中煮熟。

② 土豆沥干水后加入少许盐，用勺子压成泥。

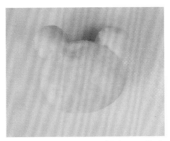

③ 取 30g 土豆泥揉成椭圆形作小熊的头，耳朵 3g，揉成圆形贴在头上。

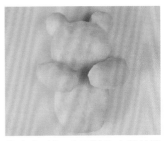

④ 各取 10g 土豆泥作小熊的手臂，身为 30g，揉好后贴在一起作成小熊。

⑤ 奶酪剪成圆形贴在小熊脸上，海苔剪出五官，用胡萝卜贴在两颊。

⑥ 红绿菜椒切粒，洋葱切成条状，作为配菜备用。

⑦ 放入油锅中翻炒到洋葱变透明，倒入少许黑椒酱拌匀出锅。

⑧ 把黑胡椒配菜放入碗中，土豆泥小熊放入碗里，装饰上熟的胡萝卜花。

轻松熊汤圆

中难度

20分钟

1人份

传统的白色大汤圆看起来是不是没那么有食欲呢？超市里买的速冻汤圆总少不了添加防腐剂，不如抽时间在家和宝贝一起动手，做一款可爱的轻松熊汤圆，好吃又安全。

准备这些别漏掉

糯米粉 35g
糖粉 20g
可可粉 10g
蛋黄粉 5g
水 50g

① 糯米粉加水，分别混合可可粉和蛋黄粉，揉成各种颜色的团子。

② 取 10g 黄色团子压扁成小鸡的身体，用 2g 揉成长条贴在身体两侧。

③ 取 1g 浅棕色面团，捏成椭圆形的嘴巴贴在小鸡面团的中间。

④ 用深棕色面团捏成两个小圆形作小鸡眼睛，贴在嘴巴两侧。

爱心帖士

1. 贴面团时蘸些水更易贴紧。

2. 做好后可放在铺满糯米粉的碟子里放入冰箱冷冻保存。

3. 可以在汤圆里包入豆沙等馅料，更加好吃。

⑤ 用可可粉揉成的浅棕色面团做出小熊的头和耳朵。

⑥ 用深棕色的面团揉捏出小熊的眼睛和嘴巴，用白色面团压成小熊的鼻子。

⑦ 做好的汤圆放置在铺满糯米粉的碟子里保存，锅中把水烧开后倒入汤圆。

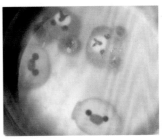

⑧ 大火烧开水后，转小火煮至汤圆全部浮起水面即可。

圣诞树杯子蛋糕

中难度　　35分钟　　3人份

圣诞节的时候，做一份烘托节日气氛的杯子蛋糕，让家里也弥漫着香甜的幸福味道。

准备这些别漏掉

鸡蛋 3 个
低筋面粉 500g
黄油一块
纯牛奶 500ml
奶油少许

爱心帖士

1. 蛋液分少量多次加入黄油里拌匀，一次加太多易造成油水分离现象。

2. 在面粉中加入一些香草粉或抹茶粉可以做出不同口味的杯子蛋糕。

3. 全蛋打发非常重要，如果打发程度不够，没进烤箱蛋糕就会消泡，烤出来就变成蛋饼。

做起来很简单

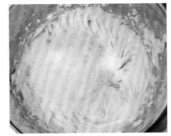

① 黄油室温软化，用打蛋器打发后加入白砂糖拌匀。

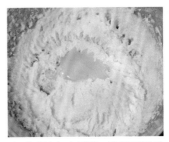

② 分多次加入蛋液，用打蛋器搅打均匀。

③ 筛入低筋面粉，用搅拌刀翻拌均匀。

④ 把面糊倒入到纸杯里，8 分满即可。

⑤ 烤箱 170℃ 预热，烤 20 分钟后关火。

⑥ 待冷却后拿出蛋糕，用画圈的方式挤上打发好的奶油。

⑦ 用餐刀将另两个蛋糕中间挖出一个锥形，倒扣在蛋糕上。

⑧ 用六齿裱花嘴的裱花袋在锥形蛋糕外缘处挤出圣诞树的样子。

企鹅鸡蛋

 中难度　 20 分钟　 2 人份

水煮鸡蛋吃多了，小朋友难免会觉得有些寡淡，不如给鸡蛋换个造型，变身可爱无敌的小企鹅，搭配滋养强壮的山药，营养均衡也充满了童趣。

做起来很简单

① 将山药去皮后用淡盐水洗干净切成片状。

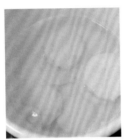

② 将山药片放入锅中，大火煮 5 分钟。

③ 鸡蛋煮熟去壳，用厨房用纸吸干表面水分。

④ 用海苔剪出企鹅的外衣模样，如图所示。

⑤ 用海苔从鸡蛋尖往下包住鸡蛋。

⑥ 用表情压花器按压出企鹅的眼睛和脚。

⑦ 把眼睛和脚贴在鸡蛋上后，再贴上用胡萝卜剪出的嘴巴。

⑧ 蓝莓酱淋在沥干的山药上，摆上企鹅即可。

准备这些别漏掉

山药 1 根，鸡蛋 2 个，海苔 1 片，胡萝卜少许，蓝莓酱少许

爱心帖士

1. 鸡蛋一定要吸干水分，不然贴上的海苔会融化变形。
2. 如果鸡蛋竖立不起来可把尾部切平。
3. 山药煮之前用淡盐水泡一下以免变色。

猪头汉堡

汉堡并不是一年四季都让人惦记的美食，不过，汉堡一定在某一些时刻打动过你，尤其是如此可爱的猪头袖珍汉堡，简直是让人无法不爱。

做起来很简单

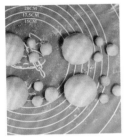

① 将面团和好后发酵至两倍大，揉成大小不一的面团。

② 小面团蘸少许水，粘到大面团上，轻轻按压一下固定。

③ 筷子蘸少许面粉，在鼻子插两个洞作鼻孔。

④ 放入烤盘静置 10 分钟后刷上一层蛋液。

⑤ 以 170℃烤 20 分钟后关火。

⑥ 取出待稍凉后将小猪横向切半。

⑦ 在下半部面包上铺上生菜、番茄和火腿片。

⑧ 把上半部面包盖上，用牙签蘸上巧克力酱画出眼睛。

准备这些别漏掉

高筋面粉220g，生菜2片，番茄1/2个，火腿2片，鸡蛋1个，酵母5g，白砂糖15g，巧克力酱少许，盐少许，水100g

爱心帖士

1. 眼睛也可用坚果、葡萄干代替。
2. 做汉堡的面包胚硬一些比较好塑造小猪的造型。
3. 担心小朋友肠胃不好可以将生菜用开水焯熟。

熊猫抹茶布丁

很多人喜欢用吉利丁片来做布丁，因为其凝结速度较快，其实用鸡蛋也可以做出美味的布丁，而且更加健康安全，更加适合小朋友。

牛奶 85g

白砂糖 25g

鸡蛋 1 个

抹茶粉 3g

糯米粉 30g

可可粉 3g

水 35g

爱心帖士

1. 过滤可使布丁口感更为
细腻。

2. 用锡纸盖上烤出的布丁
不会有气泡。

3. 可以将糯米团煮熟后再
摆成熊猫的造型。

做起来很简单

① 牛奶和白砂糖加热后拌匀。

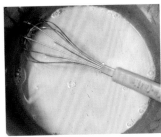

② 抹茶粉过筛后加入，用打蛋器
搅拌。

③ 把抹茶牛奶液倒入蛋液中混合
均匀。

④ 用网筛过滤两次，将成坨的颗
粒去除。

⑤ 将抹茶糊倒入烤碗中，八分满
即可。

⑥ 盖上锡纸，放入装水的烤盘，
150℃烤 30 分钟。

⑦ 用两种颜色的糯米团捏出熊猫
的形状。

⑧ 开水煮熟糯米团，冷却后放入
布丁上装饰即可。

小猪杯子蛋糕

中难度

30 分钟

3 人份

小小的杯子蛋糕造型百变，深受广大小朋友的喜爱，而且杯子蛋糕吃起来方便卫生，不会弄脏小朋友的衣服，妈妈们可以尝试一下这款制作方便简单的小猪杯子蛋糕。

准备这些别漏掉

鸡蛋1个（约30g）

低筋面粉22g

色拉油12g

白砂糖27g

牛奶20g

爱心帖士

1. 烤箱温度过高会导致蛋糕开裂，需小火慢烤。

2. 第一次做杯子蛋糕把握不好材料用量，最好使用厨房秤。

3. 在烤箱里放入一小杯冷开水，可以让蛋糕更加绵软。

做起来很简单

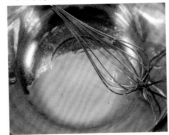

① 蛋黄加入5g白砂糖，用打蛋器拌匀。

② 再倒入色拉油和牛奶继续搅拌均匀。

③ 低筋面粉过筛后加入，用硅胶刀来回翻拌。

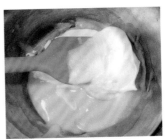

④ 蛋白和白砂糖打至硬性发泡，与蛋黄糊拌均。

⑤ 舀出少许面糊分别加入草莓粉和可可粉拌匀。

⑥ 把面糊装入裱花袋里，用剪刀剪开一个小口。

⑦ 把面糊挤入纸杯里，用粉色和棕色面糊装饰出五官。

⑧ 烤箱预热到160℃，烤15分钟即可。

甜甜圈一家

甜甜圈是一种用面粉、砂糖和鸡蛋等材料混合后经过油炸的食品，因其可爱的造型和清甜的口感被赋予了这个好听的名字。

做起来很简单

① 把除巧克力外的所有材料放入面包机里混合揉匀成光滑面团。

② 发至2倍大，用擀面杖把面团擀成1cm厚的面饼。

③ 用甜甜圈模具在面饼上印出甜甜圈面团。

④ 把面团放在铺满面粉的碟子里，静置30分钟。

⑤ 锅中倒入350g油，小火煎至金黄色捞出沥干。

⑥ 巧克力加牛奶隔水加热融化成巧克力酱。

⑦ 甜甜圈完全冷却后，一面蘸上巧克力酱。

⑧ 剩下的巧克力酱装在裱花器里，画出甜甜圈的五官。

准备这些别漏掉

高筋面粉180g，鸡蛋1个，牛奶20g，巧克力80g，水100g，黄油15g，酵母2g，细砂糖25g，盐少许

爱心帖士

1. 炸甜甜圈时油温应适度，炸太久面团会吸收过多油导致面包过油影响口感。

2. 家里的食用油，因为抗氧化能力差，一般只能炸一次，不像专业的炸油，可以反复使用几次。

3. 面皮压出甜甜圈形后，可以在压的时候有个反过来的动作，也可以压好后，用手捏住一点反过来。

意面女孩

中难度　　20分钟　　1人份

意面是西餐中最接近中国人饮食习惯的，也是最能被中国人接受的，好的意面通体呈黄色，耐煮、口感好，非常适合给小朋友吃。

意面 50g

吐司 1 片

火腿 1 片

奶酪 1 片

海苔 1 片

胡萝卜 1/2 根

爱心帖士

1. 女孩的腮红可用番茄酱代替。

2. 意面在下锅煮时，要预先加入盐和橄榄油，便于入味，以防面条粘连。

3. 意面捞出过水，能保持口感有嚼劲。

做起来很简单

① 切掉吐司四周，把吐司切成圆形。

② 意面放入锅中煮 20 分钟后滤干。

③ 将吐司和意面摆入便当中。

④ 用模具按压出眼睛和腮红。

⑤ 用表情按压器按出眼睛、鼻子和嘴巴。

⑥ 将女孩的五官装饰在吐司片上。

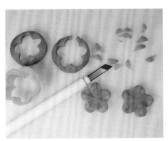

⑦ 胡萝卜切片，用模具和小刀刻出小花形状。

⑧ 在另一个便当盒装入配菜。

熊猫泡温泉

中难度　　25分钟　　1人份

小朋友不能吃太多的调味品，面对寡淡的米饭和水煮蔬菜难免会挑食不想吃，所以妈妈们不如做一份可爱的熊猫泡温泉饭，看着如此可爱的造型吃起来也会更有滋味。

米饭 1 碗
海苔 1 片
白菜 5 片
胡萝卜 1/2 个
西兰花 1/2 朵
玉米 1/2 个
丸子 2 个
芦笋 2 根
盐少许

爱心帖士

1. 米饭选择稍湿软一些的更容易塑形。

2. 碗里的汤最好不要放太多，熊猫泡久容易松散开。

3. 小朋友不能吃酱油之类的调味品，可以在汤里加入一些芝麻酱调味。

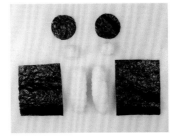

① 米饭分成 2g 的耳朵和 10g 的手臂，海苔剪出能包住米饭的大小。

② 用 20g 米饭揉成椭圆形作熊猫身，20g 揉成熊猫头。

③ 用意面作固定把耳朵和手臂插入头部和身体上。

④ 用海苔剪出熊猫的眼睛和鼻子贴在熊猫脸上。

⑤ 锅中烧开水后放入胡萝卜、丸子和玉米段小火煮熟。

⑥ 再放入芦笋、白菜和西兰花煮三分钟。

⑦ 将蔬菜汤装入碗中，加入少许盐调味。

⑧ 将熊猫放入汤中，火腿切成长方形作熊猫的毛巾。

小象芝麻酥

中难度　25分钟　2人份

芝麻酥，吃起来风味独特，不同于一般饼干的口感，简单、营养，是值得一试的休闲点心。而且芝麻本身含有的植物油还有润肠通便的效果，适合有便秘问题的小朋友食用。

做起来很简单

① 将软化的黄油加入糖粉打至发白，分三次加入蛋液拌匀。

② 低筋面粉和芝麻粉倒入黄油中揉成面团，静置10分钟。

③ 取5g面团揉成圆形后压扁成小象的头。

④ 再分别取1g面团按压成小象的耳朵。

⑤ 取1g面团拉成长条状作为小象的鼻子。

⑥ 用两颗芝麻粘在小象眼睛位置。

⑦ 用牙签按压出小象鼻子的纹路。

⑧ 烤箱预热至170℃，烤5分钟即可。

准备这些别漏掉

黄油60g，低筋面粉100g，芝麻粉15g，鸡蛋1个，芝麻少许，糖粉50g

爱心帖士

1. 做成的面团颜色较深，烤出后会变浅一些。

2. 揉好的面团会比较油，放入冰箱静置一会儿使面团变硬一些更好成型。

3. 饼干烤好后不马上取出，在烤箱里再放置10分钟，有助于将饼干烤透，保证饼干的口感。

星之卡比鸡蛋杯

妈妈们经常会给孩子做鸡蛋羹,但是吃多了孩子难免会觉得腻烦,不如给鸡蛋杯添个卡通装饰,色香味俱全才能更有诱惑力。

做起来很简单

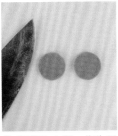

① 切两片火腿,作为星之卡比的脸蛋。

② 用模具按压出星之卡比的手。

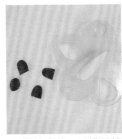

③ 蟹棒煮熟,用模具按压出星之卡比的脚。

④ 将切好的蟹棒装饰在星之卡比身上。

⑤ 海苔剪出眼睛,用奶酪剪成小粒作眼白。

⑥ 蟹棒剪出嘴巴,用番茄酱装饰两颊。

⑦ 把星之卡比造型摆入炖蛋小碗里。

⑧ 用星形模具按压出星星奶酪装饰。

准备这些别漏掉

火腿肠 1 根,蟹棒 1 根,海苔 1 片,奶酪 1 片,番茄酱少许

爱心帖士

1. 火腿选直径约 3cm 以上的比较合适,太小的火腿影响操作和装饰。

2. 火腿片不要切太厚,不然不好与耳朵和脚的装饰连接。

3. 蒸的炖蛋不要太稀,不然放入卡通造型可能会塌陷。

长辫子火腿

精致的生活需要一双善于发现的眼睛，意面和火腿居然还能这样吃，肯定是你没有想到过的吧，创意有时正是源于对生活的热爱。

准备这些别漏掉

火腿肠 2 根
意面适量
海苔 2 片
四季豆 2 颗

爱心帖士

1. 插入火腿的意面不宜
太多，以免煮的时候火腿
肠裂开。

2. 意面煮好之后先放在
冰水里泡一下，这样不会
黏在一起也更有韧劲。

3. 最好选用无淀粉的火
腿肠，这样煮久后也不会
变得软塌。

① 将火腿对半切成同样长度。

② 把生意面插入火腿圆头的顶端。

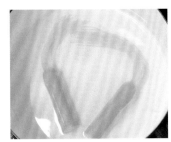

③ 放入锅中，中火煮约 15 分钟。

④ 捞出沥干，将一根火腿上的意
面编出辫子。

⑤ 海苔剪成长方形，把火腿包住
一圈。

⑥ 用海苔剪出五官，火腿剪出星
形装饰在海苔衣服上。

⑦ 把火腿摆入碟子里，放入煮熟
的四季豆。

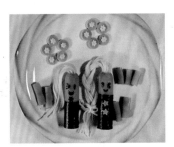

⑧ 另一根火腿切片后摆成小花装
饰在碟子里即可。

足球大米汉堡

中难度

20分钟

1人份

比起西式汉堡，用米饭做的汉堡对于小朋友而言更加健康，也更符合我们东方人的脾胃吸收。在米汉堡上稍加装饰，原本素净无趣的食物也能变得充满了绿茵场的活力。

准备这些别漏掉

米饭 1 碗
生菜 1 片
奶酪 1 片
牛肉饼 1 块
番茄酱少许
包菜胡萝卜沙拉少许
海苔 1 片

爱心帖士

1. 需要用稍粘稠一些的米饭作饭团，以免饭团太干容易松散。

2. 可先把五边形画在白纸上剪出，再用五边形的白纸覆盖在海苔上来剪。

3. 除了米饭外，还可以用土豆泥或紫薯泥来做汉堡胚。

做起来很简单

① 米饭揉成 1 片扁圆形 1 片半圆形的饭团。

② 在扁圆形的饭团上铺一片生菜。

③ 在生菜上铺一片与饭团差不多大小的奶酪。

④ 在奶酪片上铺上已经煎好的牛肉饼。

⑤ 在牛肉饼上挤上少许的番茄酱调味。

⑥ 再放上少许包菜胡萝卜丝沙拉。

⑦ 将半圆形饭团盖在沙拉上。

⑧ 最后用海苔剪出五边形，贴在米饭上。

小白兔糯米糍

糯米糍是南方著名的小吃，色泽洁白，口感软糯。糯米味甘、性温。加上豆沙、紫薯、奶油等馅料，味道更好。

做起来很简单

① 把紫薯去皮后蒸熟，搅拌成泥状。

② 糯米粉、淀粉和糖粉过筛后搅拌均匀。

③ 倒入牛奶和油搅拌均匀。

④ 放入锅中蒸 15 分钟至面糊凝结取出。

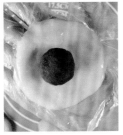

⑤ 待糯米稍冷后，取30g压扁，包入10g紫薯泥，封口揉圆。

⑥ 取 5g 揉成细长作兔子耳朵，把糯米糍放入装有椰蓉的碟子里。

⑦ 将糯米糍裹满椰蓉放出待用。

⑧ 将全部裹好椰蓉的糯米糍用巧克力酱挤上五官。

准备这些别漏掉

糯米粉75g，牛奶175ml，紫薯1个，糖粉25g，淀粉20g，油10ml

爱心帖士

1. 揉糯米团时可在手上擦少许油或戴上手套防止糯米粘手。

2. 做好的糯米糍可放入冰箱冷藏 3 天，吃之前取出在室温回温一会儿，糯米糍也可以冷冻保存。

3. 加入椰蓉是为了增加风味，也可以减少面皮的生粉味道。

云朵棉花糖

高难度

20分钟

1人份

学校附近卖棉花糖的老爷爷是深藏在每个人脑海深处的共同回忆，轻柔的棉花糖像天空的白云一样柔软干净，现在不用再去街边寻找回忆，在家也能自己做出童年的味道。

准备这些别漏掉

吉利丁片 2 片
蛋白 50g
白砂糖 110g
白砂糖 30g（蛋白用）
水 50ml

爱心帖士

1. 烧糖浆时，如果没有温度计可烧至刚刚沸腾就关火，煮过火糖浆会变成焦糖，就不能做成棉花糖了。

2. 可以在糖浆里加入一些食用色素，做成彩色的棉花糖。

3. 将玉米淀粉换成椰子粉会更美味。

做起来很简单

① 将吉利丁片完整的放入冰过的冷开水里泡软。

② 用一个干净的锅装入 80g 白砂糖，用小火煮沸后关火。

③ 把吉利丁片从水中，捞出滤干后放入糖浆里拌匀。

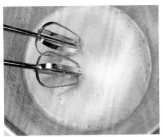

④ 蛋白加白砂糖用打蛋器搅拌至有小细泡。

⑤ 把糖浆倒入蛋白中，用打蛋器搅打至浓稠。

⑥ 碟子里倒入一层的玉米粉，用勺子尾端的圆头压出凹印。

⑦ 面糊装入裱花袋，在碟子中挤出云朵形状的棉花糖。

⑧ 待表面干后撒上一层玉米粉，3 小时后筛掉玉米粉即可。

幸运草蛋糕卷

传说中的幸运草是由亚当和夏娃从伊甸园带到人间的礼物，它代表着幸运、健康和财富，将幸运草印在蛋糕上，给吃的人带来一份幸运和祝福。

准备这些别漏掉

蛋黄 3 个
蛋白 3 个
白砂糖 30g
水 60g
油 50g
低筋面粉 80g
盐少许
柠檬汁少许

爱心帖士

1. 挤好幸运草图案的面糊先烤几分钟是为了让图案变干容易定型。

2. 蛋糕烤好后要趁还有余温时卷起，蛋糕干后再卷容易断裂。

3. 用电动打蛋器打蛋白，可以滴入几滴柠檬汁，或者白醋来中和蛋白的碱性，有利于打发。

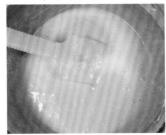

① 将蛋黄加入白砂糖拌匀，加入油和水，搅拌均匀后拌入低筋面粉。

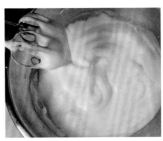

② 将蛋白和白砂糖分三次加入碗里，打至 8 分发。

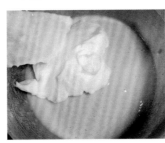

③ 将打好的蛋白分三次加入蛋糊中轻轻翻拌均匀。

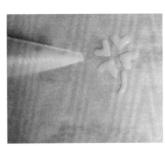

④ 将抹茶粉和少量面糊拌匀后装入裱花袋中，在油纸上挤出幸运草图案。

⑤ 烤箱预热至 150℃，将挤好图案的烤盘放入烤箱中烤 3 分钟。

⑥ 剩余的面糊加入可可粉拌匀，倒入烤盘中。

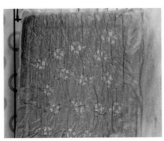

⑦ 将烤箱调至 170℃，烤 15 分钟后关火。

⑧ 取出后翻面晾 5 分钟至蛋糕不烫手后，图案面朝下卷起即可。

小熊棒棒糖三明治

 中难度
 20分钟
 1人份

小孩子吃三明治时会觉得太厚了很难咬，将三明治做成棒棒糖的造型，既可爱又方便宝贝吃食，真心值得推荐。

做起来很简单

① 首先准备两片全麦吐司，开始制作创意三明治。

② 用小熊模具在吐司上按压出小熊图形。

③ 在小熊图形的吐司上抹上栗子酱或者巧克力酱。

④ 在抹有栗子酱的吐司上放一根竹签或者塑料棒。

⑤ 用另外一片小熊吐司盖在竹签上，轻轻按压固定。

⑥ 用装有巧克力酱的挤花袋在吐司上画出小熊的眼睛。

⑦ 继续用巧克力酱画出小熊鼻子和嘴巴。

⑧ 用模具按压圆形奶酪，切半后抹少许栗子酱，贴在小熊耳朵上。

准备这些别漏掉

全麦吐司2片，奶酪片1/2片，巧克力酱少许，栗子酱少许

爱心帖士

1. 栗子酱可换成其他任何果酱，只要有黏度即可。
2. 担心小熊三明治脱落，可以用牙签固定。
3. 也可以做成小花或小猫等其他造型。

海豹烧果子

萌萌的小海豹一口一个，吃起来好欢乐。看着小巧可爱的海豹烧果子，连大人也忍不住垂涎欲滴，再也不用担心小孩子不喜欢吃东西了。

做起来很简单

① 蛋黄加入炼乳，用打蛋器搅拌均匀。

② 筛入低筋面粉，用硅胶刀拌匀，揉成光滑面团。

③ 将面团包上保鲜膜放入冰箱冷藏 30 分钟。

④ 将面团分成 20g 一个的小面团，擀平后包入 10g 的紫薯馅。

⑤ 把紫薯馅包住，揉成一头尖的椭圆形。

⑥ 用剪刀在尖头处剪开一个小口子，捏成海豹尾巴形状。

⑦ 取 1g 小面团做成海豹的手，烤箱预热170℃，烤约 15 分钟。

⑧ 待烧果子稍冷后用巧克力酱画上海豹的五官即可。

准备这些别漏掉

低筋面粉 200g，紫薯泥 150g，炼乳 180g，蛋黄 1 个

爱心帖士

1. 揉面团时可在手和垫板上撒少许低筋面粉，防止面团粘手。
2. 依据个人口味调整馅料种类，也可以不加馅料。
3. 烤前用蛋液在小海豹上涂刷一层，外皮会更酥香。

狗爪馒头汉堡

中难度

30分钟

2人份

馒头吃起来实在是单调乏味，小朋友们很不愿意吃，没关系，将做好的狗爪馒头切开加入一些馅料就成了中式汉堡，非常简单易学。

准备这些别漏掉

低筋面粉 100g

水 70g

酵母 2g

红色食用色素少许

白砂糖 20g

爱心帖士

1. 面团做好后不能发酵太久，醒发过久的面团容易塌陷，口感不够松软。

2. 馒头蒸好后不要马上开盖，要在锅里焖5分钟，马上打开的馒头易回缩。

3. 可以在馒头里夹入任意自己喜欢的馅料。

做起来很简单

① 将低筋面粉、水、白砂糖和酵母混合揉成两个光滑面团。

② 白色面团分成 55g 一个大小相等的剂子。

③ 粉色面团分成三个大面团和九个小面团。

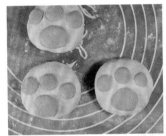

④ 把粉色面团压平后蘸少许水粘到馒头上，做成狗爪样。

⑤ 把面团放入锅中，大火烧开后转中火蒸 10 分钟即可。

⑥ 待馒头稍冷后从馒头中间横向切一刀，不要切断。

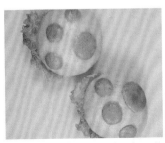

⑦ 把干净的生菜叶子塞入切开的馒头中间。

⑧ 再夹入煎好的培根，挤入一些酱汁即可。

大黄鸭咖喱饭

中难度　　15分钟　　1人份

可爱的大黄鸭是小朋友们的最爱，呆萌呆萌的小鸭子就算是大人见了也会童心大起。不好好吃饭的小朋友看见了，都会乖乖的坐在饭桌前盯着大黄鸭，爱不释手，乖乖吃饭。

蛋黄 2 个

米饭 1 碗

胡萝卜 1 根

土豆 1 个

西兰花 1 颗

海苔 1 片

咖喱 2 块

水少许

爱心帖士

1. 要先做好大黄鸭再煮咖喱，不然土豆吸干水份咖喱会变干。

2. 做大黄鸭的米饭最好黏稠一点，容易塑形。

3. 先将鸡蛋和米饭拌匀后再加热翻炒才能上色。

做起来很简单

① 预先准备好一碗米饭，将两个鸡蛋打入碗中备用。

② 将米饭和蛋黄液倒入平底锅内拌匀后再炒成黄金米饭。

③ 戴上食品手套，用手捏出紧实的大黄鸭头部和身体。

④ 海苔剪成圆形做眼睛，胡萝卜切成花朵状和大黄鸭的嘴巴。

⑤ 土豆、胡萝卜、西兰花切块，焯水后沥干备用。

⑥ 热锅放少许油，倒入土豆、胡萝卜炒至着色，放入咖喱块炒匀。

⑦ 加入少许水盖上锅盖焖煮 5 分钟至汁液粘稠，出锅装入盘中。

⑧ 将大黄鸭摆放在咖喱上，再加西兰花和花朵状胡萝卜装饰即可。

小兔蛋包饭

对于新手而言，蛋包饭最难的就是用蛋皮来包饭那一步，很容易就将蛋皮弄烂了。用便当盒来做蛋包饭会更简单，只需要将蛋皮覆盖在米饭上即可。

做起来很简单

① 米饭平铺在便当盒的一半，用勺子压平。

② 用小兔模具在摊好的蛋饼中按压出小兔的形状。

③ 把小兔镂空蛋饼放入米饭上，用海苔和番茄装饰五官。

④ 紫薯蒸熟，加入白砂糖，用勺子碾压成泥。

⑤ 把紫薯泥装入装有裱花嘴的裱花袋里挤入小碗里，装饰上火腿。

⑥ 用压花器在干海苔上压出小花形状的装饰。

⑦ 胡萝卜切片煮熟，用模具按压出花朵图案。

⑧ 将材料装入便当里，摆放整齐即可。

准备这些别漏掉

米饭 180g，鸡蛋 1 个，海苔 1 片，紫薯 1 个，胡萝卜 1/2 根，白砂糖适量，盐少许

爱心帖士

1. 可以将紫薯泥用裱花器直接挤在便当上。
2. 在蛋液中加入少许黑胡椒粉和海苔碎更加好吃。
3. 用炒饭代替白饭或许更有滋味。

Chapter 5

超萌小面点

会呼吸的健康饱腹美味

富有嚼劲的面食，充饥效果独好。

除了拥有可爱的外表，更利于保存与携带。

别再让宝宝吃四方形的吐司以及圆形的包子了！

制作出可爱的面点，更能体现出你对他们的爱与关心。

玻璃饼干花环

饼干要做得好吃，还要做得好看，可爱的花型饼干或许有点单调，所以在烤饼干时放入一颗小水果糖就会让花心也变得非常特别。

中难度

30分钟

3人份

鸡蛋 1 个
低筋面粉适量
盐少许
黄油 2 块
饼干模具一套

爱心帖士

1. 擀面团时用保鲜膜铺上更易于操作。

2. 水果糖最好放一整块，碎糖容易烤出小气泡。

3. 可放入两种颜色的水果硬糖，烤出来有渐变效果。

做起来很简单

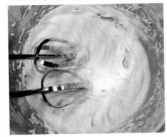

① 将软化的黄油加入糖粉和盐搅拌均匀。

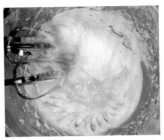

② 分三次加入蛋液，用打蛋器打至体积增大。

③ 筛入低筋面粉翻拌均匀，将成块的面粉捏碎。

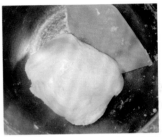

④ 用硅胶刀不断搅拌，拌成光滑柔软的面团。

⑤ 铺上保鲜膜，用擀面杖将面团擀成均匀的薄片。

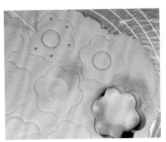

⑥ 用花形和小圆模压出印子，用牙签在花瓣上插出小洞。

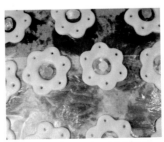

⑦ 把压好的饼干面团放入烤盘，中间圆洞中放一块水果糖。

⑧ 烤箱预热 3 分钟，使用 180℃烤 10 分钟即可。

玫瑰花曲奇

中难度　　　50分钟　　　2人份

充满鲜花香气的曲奇光是闻起来就让人心旷神怡，加入新鲜的玫瑰叶，粉色的曲奇一定会赢得宝宝更多的青睐。

准备这些别漏掉

低筋面粉 100g
鸡蛋 25g
黄油 65g
玫瑰粉 10g
糖粉 50g

🍽 🍛 ☕ 🫖

1.拌好的黄油面糊过软可放入冰箱冷藏五分钟，挤出的花形更易定型。

2.糖粉可以根据个人口味调整加入，最好不要过量。

3.按照一个方向搅打的混合物口感会更好，也不会起空气泡。

做起来很简单

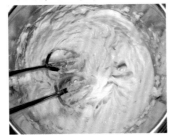

① 将块状的黄油用室温将其软化，用打蛋器打至滑顺。

② 称取适量的糖粉加入打至顺滑的黄油中，一起搅拌。

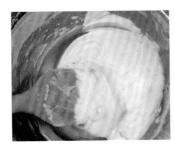

③ 用硅胶刀顺时针转动，直至糖粉融入黄油中，搅拌均匀。

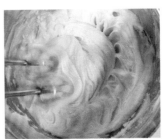

④ 用打蛋器搅打，直至糖粉和黄油混合物的体积稍有膨大。

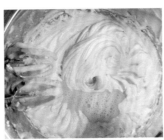

⑤ 将鸡蛋搅打均匀制成蛋液，分三次加入混合物中搅拌均匀。

⑥ 筛入面粉和玫瑰粉至混合物中，搅拌均匀后会变成粉色。

⑦ 装上六齿裱花嘴，将面糊装入裱花袋，从里往外挤出玫瑰花状面糊。

⑧ 烤箱预热至180℃，将挤好的面糊放入烤箱，烤10分钟即可。

南瓜饼

中难度　45分钟　2人份

象形的南瓜饼色泽金黄，口感甜糯且富有营养。丰富的膳食纤维，更利于宝宝脆弱的肠胃吸收和消化，是一道很有趣的小点心。

做起来很简单

① 将南瓜切块放入锅中大火煮15分钟至南瓜变软。

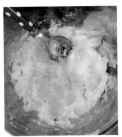

② 把煮软的南瓜捞出，滤干水分后用勺子压成泥。

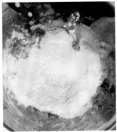

③ 将糯米粉、淀粉和白砂糖依次加进南瓜泥。

④ 用手慢慢地将南瓜泥与粉类混合物揉成光滑的面团。

⑤ 将大的面团揉成长条，平均分成5份，大约每份30g，揉圆。

⑥ 用牙签将揉圆的小南瓜团，按压出南瓜的纹路。

⑦ 将黄瓜切成细条状，再切断制作成南瓜柄插在南瓜团上。

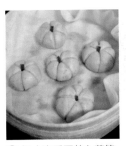

⑧ 把小南瓜团放入蒸笼，大火蒸5分钟即可。

准备这些别漏掉

南瓜150g，糯米粉100g，淀粉20g，白砂糖20g

爱心帖士

1. 按压纹路时力度要稍大力一些，蒸出后的纹路会变浅。

2. 在按压南瓜团时，下面要适当撒一些干面粉，以防粘黏。

3. 将面团放入蒸笼时，面团之间要留些空隙，避免面点蒸熟变大粘黏。

小鬼魂蛋白霜饼干

 中难度   80分钟   3人份

如果你还在为迎合万圣节的气氛苦恼制作什么小点心给小朋友，这绝对是最好的选择，小鬼魂不但不恐怖还带着些许的萌意。

做起来很简单

① 用去蛋器，把蛋黄和蛋清分离开来。

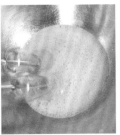

② 在蛋清里滴少许柠檬汁，用打蛋器把蛋清打发。

③ 分三次在打发的蛋清里加入白砂糖。

④ 蛋白打至纹路清晰，用牙签插入立着不倒的程度。

⑤ 舀出一小勺蛋白加入巧克力酱拌匀。

⑥ 把蛋白装入裱花袋中，在铺了油纸的烤盘中挤出鬼魂的形状。

⑦ 用巧克力蛋白挤出小鬼魂的眼睛和嘴巴。

⑧ 烤箱预热100℃，烤50分钟即可。

准备这些别漏掉

蛋白60g，白砂糖50g，巧克力酱少许，柠檬汁少许

爱心帖士

1. 温度不宜太高，烤箱有热风功能的可打开热风烘烤。

2. 挤鬼魂眼睛嘴巴可随意一些，不用每个都挤一样的表情，使成品外观更丰富。

3. 如果没有鸡蛋分离器，可以借助矿泉水瓶用瓶口将蛋黄吸出分离蛋白和蛋清。

可爱猫咪松饼

 低难度 15 分钟 1 人份

自制的松饼会比咖啡店里的味道更香浓，下午茶时光亲手为宝宝制作一款有爱美味的松饼充饥，是个不错的选择。

爱心帖士

1. 低筋面粉或高筋面粉都可以使用。

2. 可用裱花嘴挤出字母煎熟用作装饰。

3. 松饼还可以搭配一些水果摆盘，美观又营养。

做起来很简单

① 面粉过筛后加入白砂糖备用。

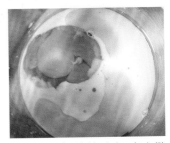

② 牛奶和鸡蛋倒入碗中，加入橄榄油。

③ 把所有的材料慢慢搅拌均匀。

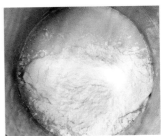

④ 筛入面粉，用硅胶刀轻轻翻拌均匀。

⑤ 搅拌好后，把少许面糊装入裱花袋里。

⑥ 在平底锅上挤出小猫图案，小火煎至小猫面糊表面凝固。

⑦ 舀一勺面糊倒在小猫图案上，摊成圆形。

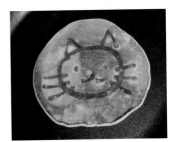

⑧ 小火煎至面糊表面有气泡后翻面煎 2 分钟即可。

樱花糖霜饼干

自制的饼干毫无添加剂，口感也十分松脆，加上糖霜的造型点缀，无论给自己小孩或者是送人都是非常受人喜欢的礼物。

中难度

50分钟

4人份

准备这些别漏掉

面团 300g
蛋白 15g
糖粉 100g
红色色素少许
白醋少许

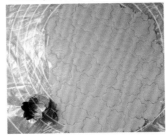

① 将饼干面团用擀面杖擀平，用樱花模具压出形状。

② 烤盘中铺上锡纸或油纸，把樱花形面团放入烤盘中。

③ 烤箱预热至 170℃，烤 10 分钟后取出待冷。

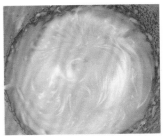

④ 蛋白加入糖粉和白醋用打蛋器搅拌至浓稠。

爱心帖士

1. 蛋白不宜搅拌太久，出现纹路就可以停止搅拌了。

2. 蛋白霜的软硬度一定要把控好，过硬会导致表面不平整。

3. 除了樱花，也可以用糖霜制作出不同的小花样，只要发挥想象。

⑤ 搅拌至纹路渐渐消失的状态后停止搅拌。

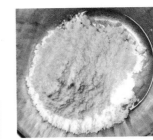

⑥ 取出一半蛋白霜加入少许色素搅拌均匀，把蛋白霜分别装入裱花袋，剪一个小口。

⑦ 把蛋白霜均匀挤到饼干上，粉色和白色各一半。

⑧ 待底色干透后，再用蛋白霜绘制樱花纹路即可。

举旗小人饼干

举着旗子的小人像是你亲手为宝宝创造出来的小伙伴们一样，生动的表情以及动作会让宝宝心情大好。

做起来很简单

① 将室温软化的黄油打发至发白，加入糖粉拌匀。

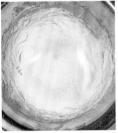

② 分2次加入蛋液，搅拌均匀后再筛入面粉。

③ 用硅胶刀把混合物搅拌成表面光滑的面糊。

④ 在桌上垫一层保鲜膜，把面团擀平后用人形饼干模具压出图案。

⑤ 把压出的饼干放入烤盘里，在饼干上放一根牙签，用人形饼干的手包住牙签。

⑥ 用牙签在饼干上画出小人饼干的眼睛和嘴。

⑦ 烤箱预热至160℃，烤8分钟。

⑧ 取出后待凉，在牙签顶端贴上小彩旗装饰即可。

准备这些别漏掉

低筋面粉90g，黄油50g，蛋液10g，糖粉25g

爱心帖士

1. 烤饼干时温度不宜过高以免把牙签烤焦影响美观。
2. 小人的表情可以发挥想象，画出更丰富的表情。
3. 还可以给小人绘制一些衣服或者头发的装饰。

草莓馒头

中难度

30分钟

2人份

馒头除了能做成卡通人物的形状，还能做成可爱的水果造型，粉嫩诱人的草莓馒头吃起来会不会更有滋有味呢？只要简单的几个步骤就可以轻松学会。

准备这些别漏掉

面粉 200g

水 60g

酵母 2g

红曲粉 5g

抹茶粉 3g

黑芝麻少许

糖粉 30g

爱心帖士

1. 发酵好的面团要揉到气体全部排出，蒸出来的馒头表面才会光滑。

2. 关火后不能马上开盖，不然馒头表面容易塌陷，影响口感和美观。

3. 蒸馒头时在蒸屉上摸少许植物油，避免馒头粘在蒸屉上。

做起来很简单

① 将酵母、糖粉和面粉混合在一起揉成光滑的面团，室温发酵至两倍大后取出。

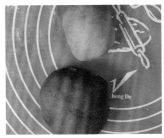

② 分成大小两份，分别加入红曲粉和抹茶粉揉匀。

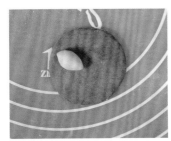

③ 取 5g 白面团以及 10g 红面团，制作草莓馒头。

④ 将 10g 红面团包着白面团后，揉成上圆下尖的草莓形状。

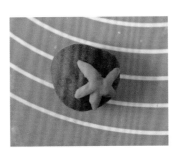

⑤ 绿面团搓成小条面团，粘在草莓的正上方。

⑥ 草莓面团醮少许水，粘上黑芝麻做点缀。

⑦ 把草莓面团放入锅中，大火蒸15分钟。

⑧ 关火后过三分钟再揭开盖子取出即可。

127

馒头人包子

白白胖胖的包子也许不会赢得宝宝的注意，但当它有了生动的表情以及可爱的红晕，这一切都会改变。

做起来很简单

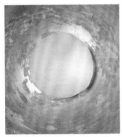

① 低筋面粉加水和酵母揉成光滑面团，静置20分钟。

② 香菇切碎拌入肉末中，加入酱油、淀粉、白砂糖拌匀。

③ 发酵好的面团分成40g一个，揉成光滑面团静置发酵。

④ 用擀面杖把小面团均匀擀平，加入15g已经拌好的馅料。

⑤ 包成圆形包子状，收口朝下，按同样的方法包好其他的面团。

⑥ 用胡萝卜汁和巧克力粉分别制成20g的粉色和棕色面团。

⑦ 将有色面团分别搓成条状，用剪刀修剪，做成馒头人的表情。

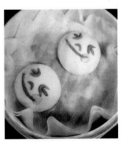

⑧ 将包子放入锅内，大火烧开后转中火蒸15分钟即可。

准备这些别漏掉

低筋面粉 100g，香菇肉末 200g，胡萝卜汁 20ml，巧克力粉 5 个，水75g，酵母 2g

爱心帖士

1. 粘表情时在面条上蘸少许水更易粘上。

2. 包馅料时不要放太多，以免蒸包子时溢出汤汁。

3. 揉面团时要控制加入的水量，以免包子不成型。

蜗牛红豆包

高难度　80分钟　3人份

甜甜蜜蜜的红豆制作成的面点，大小皆宜，制作成卡通蜗牛形状一定会受小朋友的欢迎。

做起来很简单

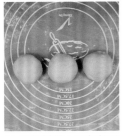

① 把材料放入面包机里混合揉匀成光滑面团，发至2倍大。

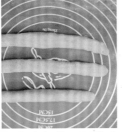

② 将发好的面团分成50g一个的面团，再把面团揉成细长条状。

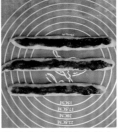

③ 在每个细长条上均匀地涂抹上一层红豆沙。

④ 再取10g揉成头粗尾细的长条面团，制作蜗牛身体。

⑤ 先将抹好豆沙的细长条，横向卷起制作成蜗牛壳。

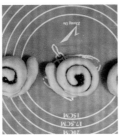

⑥ 把锥形面团粘在蜗牛壳上，蜗牛形状大致做好。

⑦ 将做好的蜗牛面团刷上一层蛋液，静置30分钟。

⑧ 烤箱预热至180℃，烤20分钟，拿出晾凉后用巧克力酱挤上眼睛和嘴巴即可。

准备这些别漏掉

高筋面粉150g，鸡蛋20g，红豆沙适量，黄油15g，酵母2g，细砂糖45g，盐少许，水70g

爱心帖士

1. 红豆沙不宜涂太多，不然面卷容易散开。
2. 粘锥形面团时可蘸少许水更易粘上。
3. 巧克力酱稍微冰一下，更容易把控。

乌龟菠萝包

中难度 90分钟 3人份

小清新的绿色乌龟菠萝包，拥有着童真的味道却又升级了营养，是一道寓教于乐的动物小面点。

准备这些别漏掉

菠萝皮：

黄油 30g

糖粉 40g

低筋面粉 45g

抹茶粉 5g

盐少许

鸡蛋 20g

菠萝包：

高筋面粉 150g

黄油 15g

细砂糖 45g

盐少许

鸡蛋 20g

水 70g

抹茶粉 5g

酵母 2g

栗子酱少许

爱心帖士

1. 粘头和手脚时蘸些水更易贴紧，以防四肢脱落。

2. 用刀背划出的格纹更加清晰。

3. 如果没有栗子酱，可以用巧克力酱代替。

① 黄油打发，加入糖粉、低筋面粉、抹茶粉、盐和鸡蛋揉成光滑柔软面团。

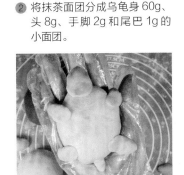

② 将抹茶面团分成乌龟身 60g、头 8g、手脚 2g 和尾巴 1g 的小面团。

③ 取 30g 抹茶菠萝皮擀平，将面团包起，制作出乌龟雏形。

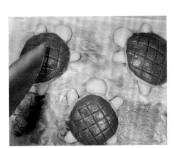

④ 在面团底部粘上乌龟的头、手脚和尾巴。

⑤ 将面包翻面，用刀在乌龟壳上画出菱形格纹。

⑥ 在做好的龟壳上面刷一层蛋液，静置 20 分钟。

⑦ 将乌龟面团放入烤盘，烤箱预热至 180℃，烤 15 分钟。

⑧ 待面包稍凉后，用栗子酱画上眼睛和嘴巴。

小鸡肉松面包

 中难度 90分钟 2人份

借助面包机的力量让和出的面团更加柔顺细腻，也会减少一半以上的体力支出，自制的小鸡肉松面包方便存放也方便携带。

准备这些别漏掉

高筋面粉 150g

黄油 15g

细砂糖 45g

盐少许

鸡蛋 20g

水 70g

酵母 2g

肉松 40g

栗子酱少许

爱心帖士

1. 画小鸡的眼睛可以用巧克力酱绘制。

2. 如果没有吸管，可以用筷子的圆端绘制嘴巴。

3. 面团一定要发酵，否则面包会口感很硬。

做起来很简单

① 把高筋面粉、酵母、细砂糖、鸡蛋、盐和黄油放入面包机揉成光滑面团。

② 盖上保鲜膜，让面团室温发酵至两倍大。

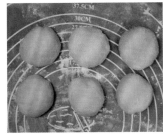

③ 将发酵好的面团，平均分成50g重的小面团。

④ 用擀面杖把面团擀平后包入6g肉松，收口捏紧。

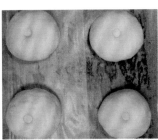

⑤ 用吸管在面团中间按压出小圆印子，制作出小鸡的嘴巴。

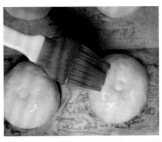

⑥ 给每个面团均匀地刷上一层蛋液，静置30分钟。

⑦ 烤箱预热至180℃，烤10分钟取出待用。

⑧ 待面包稍冷后用栗子酱画上小鸡的眼睛和脚即可。

热气球吐司

低难度

15分钟

1人份

多种蔬菜制作成的五彩热气球拥有全方位的营养，虽然分量看起来少，但其实吐司的饱腹感足够让宝宝在早上活力十足。

准备这些别漏掉

吐司 1 片
奶酪 1 片
韭菜 5 根
胡萝卜 1/2 根
四季豆 2 根
洋葱少许
玉米粒少许
盐少许

🍽 🍽 ☕ 🫖

爱心帖士

1. 热气球的装饰蔬菜可按照个人喜好改变，最好使用多种颜色的蔬菜，增加美感。

2. 热气球吐司也可以用黄油在锅里稍微煎一下，口感更酥脆香甜。

3. 如果没有奶酪，可以配上沙拉酱或者鸡蛋薄片等类似的材料作为调味装饰。

做起来很简单

① 将一片吐司切下四周，留下中间的长方形，再剪成圆角。

② 把奶酪切成条状，整齐地摆放在热气球的基底上。

③ 韭菜清洗干净，焯水沥干，如图摆入盘中制作成热气球绳子。

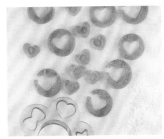

④ 将胡萝卜洗净，切片，然后用模具压出心形胡萝卜。

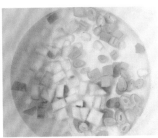

⑤ 把胡萝卜、洋葱粒、玉米粒和四季豆放入锅中加盐煮熟。

⑥ 将所有材料都捞出沥干，摆入胡萝卜、洋葱粒和玉米粒。

⑦ 最后在空隙里，摆入煮熟的四季豆，让热气球更饱满。

⑧ 把切剩的吐司剪成云朵状，均匀装饰在盘中即可。

糖果吐司卷

低难度　10分钟　2人份

像糖果形状一样的吐司，方便携带，随时随地都可以充饥，是一款既方便又可爱的外带食品。

吐司 1 片
黄瓜 1 根
蛋黄酱少许
火腿 1 根
奶酪 1 片

1. 蛋黄酱不要涂太多，以免卷起时溢出，热量也会高。

2. 吐司卷起后收口处涂少许蛋黄酱可起到黏结作用。

3. 火腿和奶酪切片不要太薄，以免在压膜的时候断裂。

做起来很简单

① 将一片吐司切下四周的边，留下中间的长方形。

② 用擀面棒将吐司压扁，方便吐司卷曲。

③ 把黄瓜洗净后，切成条状，再慢慢削成圆柱形。

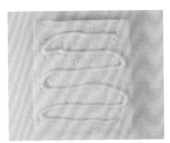

④ 在压扁的吐司上，挤入适量的蛋黄酱。

⑤ 将切好的黄瓜条与抹好酱的吐司片卷起来。

⑥ 用模具按压出心形火腿和蝴蝶结奶酪。

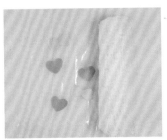

⑦ 桌上铺一层保鲜膜，放入少许火腿和奶酪，把吐司放在保鲜膜边上。

⑧ 把保鲜膜同吐司一起卷起，两端收口即可。

蘑菇吐司杯

将吐司制作成杯子的形状，里面即可发挥自己的想象力以及营养搭配能力，制作出对宝宝有益的小可爱美食。

低难度　15分钟　3人份

做起来很简单

① 借助花形模具按压出花形的吐司。

② 把吐司放入小烤碗中，用手指稍微按压出杯底的形状。

③ 入烤箱160℃烤5分钟，让吐司杯底能够立起来。

④ 小番茄用清水洗干净后，对半切开。

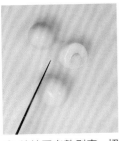

⑤ 鹌鹑蛋煮熟剥壳，切掉蛋头部分的1/3。

⑥ 待烤干脆的吐司晾凉后，抹上一层蛋黄酱。

⑦ 把生菜丝铺在吐司中，半片小番茄倒扣在蛋上。

⑧ 用牙签沾取少许蛋黄酱，画成蘑菇的图案，让它更生动。

准备这些别漏掉

吐司3片，小番茄3个，生菜2片，鹌鹑蛋3颗，蛋黄酱少许

爱心帖士

1. 吐司要晾凉后才涂抹蛋黄酱，不然蛋黄酱会化掉。
2. 可以发挥想象，将其他食材融入吐司杯中。
3. 将吐司烤干后，吐司才能直立起来变成吐司杯。

烟花吐司

小朋友们过年最期待的就是放烟花，烟花吐司色彩鲜艳，也带有浓浓的年味，在过年过节的时候制作给小朋友他们一定会特别开心。

做起来很简单

① 把海苔剪出碟子的一半放入碟子中。

② 用圆形模具，将两片吐司压成圆形。

③ 用海苔剪出小人的头发和眼睛。

④ 胡萝卜剪出嘴巴，用番茄酱装饰两颊。

⑤ 玉米粒煮熟沥干，在碟子中摆出两个花形。

⑥ 胡萝卜剪成圆形小粒，围绕玉米粒装饰一圈。

⑦ 奶酪剪出圆形小粒装饰在胡萝卜粒周围。

⑧ 用煮熟的心形胡萝卜装饰盘子边缘即可。

准备这些别漏掉

吐司 1 片，海苔 1 片，胡萝卜少许，玉米粒少许，奶酪 1 片

爱心帖士

1. 玉米粒煮熟后要沥干水分不然会导致海苔遇水变形。
2. 摆盘的蔬菜可以适当增加，让营养更全面。
3. 碟子要擦干，否则影响吐司和海苔的香脆口感。

海绵宝宝吐司

低难度　15分钟　1人份

这个动画片的主角绝对能够哄小朋友开心，只要抓住它眼睛大大圆圆的特点，就能轻松地制作出海绵宝宝版的吐司。

准备这些别漏掉

吐司 2 片
熟蛋黄 2 个
奶酪 1 片
蛋皮 1 片
海苔 1 片
苹果 1/2 个
蛋黄酱少许

🍴🍲☕🫖

爱心帖士

1. 蛋黄酱抹在吐司上不用抹太均匀，可制造些纹路的效果。

2. 没有奶酪，可以用胡萝卜片制作海绵宝宝脸部的红晕。

3. 切好的苹果用盐水稍微泡一下，可以防止苹果氧化变黑影响美观。

做起来很简单

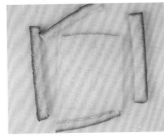

① 用小刀将吐司的四边去掉，留下柔软的方形吐司。

② 将两个熟蛋黄用蛋黄酱拌匀，制作成蛋黄色的混合物。

③ 用勺子把蛋黄和蛋黄酱的混合物，抹在吐司上。

④ 用模具按压出两片圆形吐司，用擀面杖压扁。

⑤ 用模具按压出比圆片吐司稍小一些的圆形奶酪。

⑥ 把吐司和奶酪拼好作眼睛，用吐司剪出牙齿，海苔剪出眼睛和嘴巴，蛋皮剪出鼻子。

⑦ 苹果切半，用刻刀画出格子，把间隔的皮用刻刀铲掉。

⑧ 把吐司和苹果放入便当，摆上章鱼香肠和卡通意面就完成了。

小黄人窝窝头

中难度

40分钟

2人份

傻头傻脑的小黄人拥有一颗善良的心，所以一直赢得小朋友的青睐，利用玉米窝窝头得天独厚的外形以及颜色优势，只需稍微添加小装饰，一道以小黄人为原型的美味就能轻松制作。

准备这些别漏掉

玉米面粉 150g

面粉 150g

糯米粉 50g

白砂糖 40g

水 150g

① 分出 50g 面粉过筛，让窝窝头口感更细腻。

② 用相同的方法将玉米粉过筛好，与面粉混合。

③ 在面粉和玉米粉的容器里加入糖和糯米粉。

④ 一边加水一边搅拌粉类混合物，直至变成一团。

爱心帖士

1. 加入糯米粉可使窝窝头更弹牙，口感更好。

2. 如果觉得面团太小做表情比较困难，可以把玉米粉团从 50g 一个改为 80g 一个，面团大一些更易做。

3. 小黄人也可以根据形象，创造出更多可爱的角色。

⑤ 将玉米面团分成小面团，剩下的面粉分别加入水和可可粉，制作成白色和咖啡色的面团。

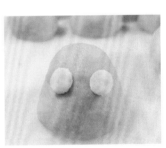

⑥ 玉米面团揉成窝窝头形状，取少许白色面团揉成圆形压扁贴在玉米面团上制作出眼睛。

⑦ 用可可面团拼出小黄人大致的样子。

⑧ 烧开水，将窝窝头放入锅中，中火蒸 15 分钟即可。

宝贝不剩一粒饭

Chapter 6

爱的小叮咛

宝宝餐的安全把关

制作宝宝餐其实并不难，只要乐于动手就可以！

除了注意营养的搭配，对于宝宝的饮食习惯也不能忽略。

了解宝宝的对错喂养方式，搭配自制爱心美食，

这样才能让宝宝得到全面健康的成长需求。

不利于宝宝脑部发育的饮食小习惯

制作宝宝爱吃的美食虽然是一件很有趣的事，但如果喂食不当，这份好的心意则会影响到宝宝的脑部发育，所以还是要讲究科学的饮食习惯。

 父母易犯的错误喂养习惯——过量喂食

很多爸爸妈妈甚至外婆奶奶们会担心宝宝吃不饱，硬要塞饱肚子才罢休，殊不知一日三餐顿顿饱食，致使血液过久地积于胃、肠，从而造成大脑缺血缺氧而妨碍宝宝的脑细胞发育，从而降低智商。更严重的是饱食可诱发大脑中一种叫做纤维芽细胞生长因子的蛋白质大量分泌，促使血管细胞增殖、管腔狭窄、供血能力削弱、加重脑缺氧。所以宝宝食量还是适可而止比较好。

 父母易犯的错误喂养习惯——素食主义

如果你喜欢用成人的所谓低脂膳食标准来要求孩子，使孩子不吃或少吃荤菜，那么就要注意了，这样会导致宝宝们脂肪摄取量太少。然而智力发育中脂质的重要性要更大于蛋白质，被称为"第一需要"，而这些重要的健脑物质在荤类食品中含量很高，如鱼肉中达30%~70%，而猪、牛、羊等畜肉中达10%~20%，至于谷物、蔬菜类食品几乎没有。因此，有荤有素的食谱才符合孩子发育的需要。

 父母易犯的错误喂养习惯——多喂甜食

葡萄糖是脑细胞的重要能源，适量食用糖类食品有助于宝宝的大脑发育，但再好的东西也并非多多益善。因为糖在体内的最终代谢产物为带阴离子的酸根，过多可使体液改变其碱性的正常状态，成为酸性体质，引起脑功能下降，如精神不振、记忆力涣散、反应迟钝，重者可致神经衰弱，给宝宝的智力发育蒙上阴影。所以不要动不动就给宝宝糖类食品作为奖励，可以换用其他健康的小零食，主食还是以咸淡为主。

父母易犯的错误喂养习惯——宝宝厌食

有些宝宝在吃饭的时候十分抗拒，并且不爱吃饭，都是要哄着才吃几口，这种厌食状态非常不利于宝宝脑部发育。如果三餐进食太少，宝宝甚至处于半饥饿状态，也可能伤脑。患有厌食症的宝宝的体重较健康宝宝来说低30%，注意力、记忆力、学习能力等也相应降低，大脑形态也有一定的萎缩。厌食治疗后体重恢复正常，但大脑功能和形态已无法补救，厌食宝宝不能摄取大脑所需的足够营养素为其重要原因。因此，有厌食习惯的宝宝应请医生诊治，及时纠正，以免妨碍智力发育。

父母易犯的错误喂养习惯——油炸食品

炸鸡翅、炸薯条、煎鸡蛋等油炸类食品口感好，对宝宝颇有诱惑力，偶尔吃一点倒也无妨，但长期大量食用则对宝宝身体和脑部发育有着很大的危害。一是此类食品在制作过程中加入了含铝发酵粉，而铝已被证实为脑细胞的一大"杀手"；二是高温烹调可产生大量有强烈致癌作用的苯丙芘等毒性物质；其三，含有较多过氧化脂质，可促使脑细胞早衰，故不宜多食。

父母易犯的错误喂养习惯——吃得太咸

食盐在宝宝的生长发育中发挥着作用，也是食品制作中最常用的调料之一，不但可以使食品的味道更鲜美，而且也可以增进食欲。重口味也许能赢得宝宝味蕾，但吃得太咸就会危害宝宝健康。因为宝宝的肾脏功能发育还不太成熟，如果吃的盐太多，身体的负担就很会很重。从营养素的角度分析，过量的盐摄入，会引起宝宝体内钾和钠的不平衡，会影响宝宝的健康，甚至还会增大他长大后患高血压等慢性病的可能性。

父母易犯的错误喂养方式

宝宝一出生，就会得到家人的呵护，大家都希望宝宝多吃点营养补品，利于成长。但是如果喂养宝宝的方式不科学，就会对宝宝的健康造成不利。

 1. 面对"偏食"处理不当

宝宝偏食是很正常的现象，因为某些食物的纹理粗糙或是一些他们接受不了的"怪味"，所以往往会不爱吃那类食物。作为一个聪明的妈妈不应该呵斥宝宝不吃某种他们不爱吃的食物，这样会令他们更反感不喜欢的食物，而是要想办法将那些食物"隐藏"起来或者用其他营养含量差不多的食品代替。这样的方式也许更能让宝宝们慢慢地接受自己不爱吃的食物，并且不会造成他们不爱吃的想法。

 2. 给宝宝乱添补品

宝宝的发育以及成长是每个家庭关注的重点，为了让宝宝更好地长身体，家长喜欢给宝宝吃桂圆、花粉、人参蜂皇浆等补品。实际上，这些补品中宝宝所需的蛋白质、脂肪、矿物质的含量很低，并非我们想象的能带给宝宝多少营养。更重要的是，人参蜂皇浆及花粉中还含有某些性激素，可使宝宝的骨骺提前闭合，导致他们日后身材矮小。同时，还会引发性早熟。除此，还可引起牙龈出血、口渴、便秘、血压升高、腹胀等症状。如果没有特殊需要，不要随意给宝宝吃补品，更不要盲目地去追求价格昂贵的"珍稀食品"来"呵护"宝宝。如果宝宝发育迟缓，应该及早看医生，而不要情急之中来一场滥补。

 3. 空腹喂甜食

很多宝宝在吃饭之前就开始闹腾，回想一下你是不是会先喂一些甜食或者巧克力给小朋友充饥，以制止小朋友的哭闹，这个行为是非常不正确的。经常空腹并在饭前吃甜食，会降低正餐食欲，破坏肠内产生 B 族维生素和叶酸的正常菌群，导致维生素缺乏症和营养不均衡。同时，空腹吃甜食还会使胰岛素在血液中增多，使大脑血管中的血糖迅速下降，造成低血糖，而体内会反射性地分泌出肾上腺素，使血糖回到正常水平。这种现象称为肾上腺素浪涌现象，可使人的心率加快。对于儿童，他们的大脑比成年人更敏感，因此会比较容易出现头痛、头晕、乏力等症状。饥饿时吃一点甜食是有益的，但这仅限于偶尔为之，而且最好在进餐前 2 小时进食，切忌在进餐前给宝宝吃甜食。

4. 宝宝饮水时机不对

饮水的时机不对也会对宝宝的身体健康造成威胁。餐前、餐中、餐后饮水对食物的消化和吸收十分不利。因为人的胃肠等消化器官，到吃饭的时间就会条件反射地分泌出各种消化液，如口腔分泌唾液，胃分泌胃蛋白酶和胃液等。这些消化液会与食物的碎末混合在一起，可以促进食物中营养成分的消化和吸收。但如果喝了水，就会冲淡和稀释消化液，并使胃蛋白酶的活性减弱，从而影响食物的消化吸收。如果宝宝在饭前感到口渴，可先喝一点开水或热汤，但不要很快进餐，最好过一会儿再去吃饭。

5. 认为汤的营养价值最高

你是不是会认为汤是经过精心熬制而成，所以骨头和肉的营养都跑到了汤里，就一味地喂宝宝汤而不给宝宝吃肉，甚至在 2 岁以后牙齿出齐后，还把汤作为宝宝蛋白质的主要来源？这个观念非常错误。它不仅会导致宝宝贫血，还会引起其他营养素缺乏的疾病，如缺锌。由于锌是以蛋白质结合的形式存于肉类、蛋及乳类的食品中，不能直接溶解于汤内，所以，汤中没有多少锌。贫血和缺锌会使宝宝的食欲下降，尤其是导致宝宝味觉减退，可能出现厌食症状。如此，宝宝进入一个营养不良的恶性循环，使本来就缺乏营养的身体变得更加营养不够，进而越来越瘦弱，个头也长得慢，显著落后于正常饮食的宝宝。

温馨提示：花些小聪明让宝宝接受那些他们"讨厌"的食物

1. 不爱吃菜花

宝宝们不爱吃菜花是因为"没有味道"，只需要将菜花煮熟，和土豆泥混在一起，添加少许胡椒粉，会受到孩子的欢迎，同时还增加了 3.5 克纤维和一天所需的维生素 C。

2. 不爱吃番茄

有些宝宝对番茄实在抗拒，这时可以让孩子在吃蔬菜、肉食或奶酪时蘸着番茄酱吃，一勺番茄酱含有 3.5 克纤维，比一个实际的番茄还多 2 克，这样不仅小宝宝们爱吃，还不知不觉中增加营养。

宝宝的食物禁忌要谨记

　　除了喂养习惯要注意，食物的禁忌也必须谨记，不仅是小孩的肠胃脆弱，就算是成年人也会因为乱吃东西，而丢失了健康。

 饮品类禁忌

各种饮料

　　很多果汁饮品或者汽水的主要成分是糖、人工色素、香精和防腐剂，几乎不含蛋白质、微量元素等人体必需的营养物质。宝宝们多喝饮料，既不能解渴，又容易影响食欲、造成龋齿甚至危害骨骼发育，对还在成长的宝宝来说弊大于利。

茶

　　茶叶中含有大量的鞣酸，它会干扰人体对食物中蛋白质、矿物质及钙、铁、锌的系数，导致宝宝们缺乏蛋白质和矿物质而影响其正常生长发育。此外，茶叶中的咖啡因是一种很强的兴奋剂，它还可能诱发少儿多动症。

咖啡制品

　　咖啡中含有大量的咖啡因，咖啡因是一种兴奋剂，主要对人的神经中枢系统产生作用，会刺激心肌收缩，使心跳加速。宝宝还处于成长期，身体比较脆弱，而且控制力比较差，过量饮用可乐类含咖啡因的饮料会增加其身体负担，不利于其成长。咖啡因还会刺激胃部蠕动和胃酸分泌，引起肠痉挛，常饮咖啡的儿童容易发生不明原因的腹痛，长期过量摄入咖啡因则会导致慢性胃炎。

食品类禁忌

辛辣食品

就算是 3 岁以上的宝宝饮食结构开始固定，但各方面都比较脆弱。酸、辛、麻、辣等刺激性强的食物，对于宝宝的娇嫩胃肠道和口腔、食管黏膜来说是一种劣性刺激，这些部位的黏膜受到不良刺激后，会发生水肿、充血，甚至糜烂、出血，个别导致溃疡。反复经常刺激后可形成慢性炎症，使胃肠道功能下降．消化吸收能力降低、食欲不良。

食用色素与食品添加剂

食品添加剂在一定量的范围内相对安全,但如果使用超量,将对人体产生一些不良影响。成人吃多了尚且不好，更何况婴幼儿的肝脏解毒能力和肾脏排泄功能都比较弱，应该尽量避免食用含有色素和食品添加剂的食物，避免生长发育不良，甚至更严重的疾病发生。

营养品和滋补品

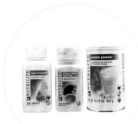

5 岁以内是宝宝发育的关键期，补品中含有许多激素或类激素物质，可缩短骨骺生长期，导致孩子个子矮小，长不高；激素会干扰生长系统，导致性早熟。此外，年幼进补，还会引起牙龈出血、口渴、便秘、血压升高、腹胀等症状，对宝宝的健康发育造成极大的阻碍，所以营养品和滋补品还是看情况而喂食。

零食类禁忌

巧克力

巧克力的蛋白质含量偏低,脂肪含量偏高,吃多了会影响宝宝食欲。并且巧克力不含能刺激肠胃正常蠕动的纤维素,会影响胃肠道的消化吸收功能。再者,巧克力中含有使神经系统兴奋的物质,会使儿童不易入睡,哭闹不安;多吃巧克力还会产生蛀牙,并使肠道气体增多而导致腹痛。

花生酱

花生酱容易引起宝宝过敏,而坚果食物不易吞咽,容易造成孩童梗咽窒息的风险,所以2岁之前的小孩不适合喂食花生酱和其他坚果类食物,如果家族中有食物过敏的遗传,最好在宝宝3岁之前都要避免花生酱或者花生制品的进食。

高糖食品

宝宝们都喜欢吃甜食,如各种糖果、糕点等。由于宝宝活泼好动,能量消耗也多,适当吃点糖果以补充身体的消耗也是可取的,但时间应安排在饭后1~2小时或午睡后。但是婴幼儿应该少吃高糖食物,过多的糖分不仅容易导致宝宝龋齿,也将成为宝宝超重、肥胖的一个很大的促进因素。同时,也将对宝宝的视力发育造成影响。

代食禁忌

鲜奶代替开水

夏天天气热，宝宝胃口不好，可又需要足够的营养，于是有些妈妈就让小朋友多喝牛奶，一天要喝上好几杯，认为这样就算不吃饭营养也会跟上了。但其实牛奶不仅不能解渴，一天过量摄入牛奶，高蛋白质就会阻碍钙质的吸收，这样会更不利于宝宝的健康。并且有些宝宝会有乳糖不耐，这样大量地进食牛奶不仅不能解渴，反而会拉肚子。

鸡蛋代替主食

为了让孩子长得更健壮，几乎每餐都以鸡蛋类食物为主，这不但不能让孩子变得更强壮，还会造成消化不良等后果。因为婴幼儿胃肠道消化功能尚未成熟，各种消化酶分泌较少，过多地吃鸡蛋，会增加孩子的胃肠负担，甚至引起消化不良性腹泻。

果汁代替水果

一些没有喂养经验的父母很怕小孩吃水果食道被卡，所以觉得还不如买果汁、果露等充当水果来给自己的孩子喝。要知道，这种偷懒的小方法是非常不妥的。因为新鲜水果不仅含有完善的营养成分，而且在孩子吃水果时，还锻炼咀嚼及牙齿的功能，刺激唾液分泌，促进孩子的食欲。而各类果汁都是经加工制成的，不但会损失一些营养素，而且还含食品添加剂，宝宝长期过多地饮用给健康带来危害，同时果汁中加的糖分使其甜度过浓，会影响宝宝的正常食欲，严重者导致厌食。

需要培养的宝宝健康饮食习惯

健康的饮食习惯搭配营养的食物，能够为宝宝的成长健康护航。要知道，健康的身体比任何物质都珍贵，所以父母也必须得重视宝宝的健康。

1. 让宝宝愉快的进食

想要宝宝的食欲好，就得在餐前培养良好的进食情绪，不仅能让宝宝打开味蕾，也可以帮助他们更好地消化和吸收食物，不要经常逼迫宝宝吃饭或是吃饭时斥责宝宝，会让他们觉得吃饭是一件讨厌的事。

2. 做适合宝宝的美食

宝宝添加副食品后，食物要多变化样式、口味，让宝宝每天对食物感到新奇。多发挥自己的创意，将卡通人物或者一些可爱的图案制作成小便当或者美食，相信宝宝一定会特别开心。手艺不佳的妈妈，不妨多买一些幼儿食谱回家研究。

3. 让宝宝自己动手做美食

让宝宝自己动手做美食，并不是说从洗菜开始慢慢烹饪，而是让宝宝参与到美食制作的过程当中来，可以让他们自己涂果酱、加盐巴，餐前叫孩子帮着抹桌、端羹、拌佐料，或者介绍即将上桌的菜，营养和味道如何之类。

4. 合理替换食物

聪明的妈妈应该学会替换原则：食物种类虽然不同，但是营养成分却是可以替换，如果真的不喜欢某些食物，就试着找出可替换的食物。但也要注意食物替换的禁忌，不要盲目替换，也不要为了偷懒而替换，以免造成宝宝的不适。

5. 尽量早食

让宝宝每天按时吃饭时一件很重要的事情，而且尽可能的早食也是百利而无一害的。对于宝宝与成年人来说，早餐早食是一天的"智力开关"，而晚餐早食可预防十余种疾病。